きょさんのつれづれアナ日記

清原憲一

海鳥社

放送風景

若かりし？頃

86メキシコW杯、セルジオ越後氏とともに

となりは山田AN

取材風景

第22回熊日郡市対抗女子駅伝

W杯アメリカ大会決勝

島一春さん

ラジオまつり　1985年

もちつき

藤田信之氏と

アノンシスト賞　表彰式

松本育夫さんと

仕事中

前口上

清原憲一

若いころは「憲兄《けんに》い」、この頃は「きよさん」と呼ばれている清原憲一は、２０１０年6月をもってＲＫＫ熊本放送を退職いたしました。アナウンサー＝放送現場一筋の人生でありました。思い起こせば、１９７４年4月1日（月）の入社です。曜日までしっかりと覚えています。その日のことがあまりにも鮮烈だったからです。アナウンサー人生、師と仰ぐことになる人との出会いの日でした。師匠の名は、由宇照也＝ゆう・てるやと言います。ゆうは言う、テルヤはteller＝話し手……。芸名のように、わざわざ付けたアナウンサー名なのかと思いましたが、正真正銘の本名でした。

その由宇照也アナウンス部長から、基礎基本を学ぶ初日にあたり、「春秋に富むであろうアナウンサー人生、『日々是新たなり』の気持ちで一日一日を大切に精進し成長していくのですよ」と諭されました。それから三カ月、アナウンサー養成研修で発声発音の基礎から、文章作法、ニュース、インタビュー、取材、構成、実況の奥義まで教えてもらいました。

アナウンサーは、お湯をかけて三分間で出来上がるものではありません。

じっくりと時間をかけての修業の毎日でした。その養成研修で一番びっくりしたのは、師匠が一度も手本を示さなかったことです。普通、スポーツの世界では、手ほどきというものがあります。私もサッカーのゴールキーパーでしたから、コーチから、セービングの時はこう飛ぶのだと、身を持って教えてもらいました。ゴルフでも、インストラクターから、ああだ、こうだと手取り足とりの指導があります。

ところが、ア行の練習文、「赤穂の城と安芸の宮島」。こんな一行の短文でさえ、師匠から「こう読むのだよ」と、自ら読みの手本は全く示されませんでした。こちらの読みがまずいと、「赤穂はどこだ?」「安芸は?」。「これはどんな思いで誰が書いた文章だ?」と質問攻めでした。

つまり、どんなに短い文章でも意味がある。その意味を自分の頭で理解しないと文章の音声表現はできないということなのです。

口移し、オウム返しの教育、listen to meのレッスンではなく、終始一貫、弟子に考えさせ、試行錯誤させる、熊本城の石垣をひとつひとつ積み上げるような研修でした。そのお蔭で今日があります。

爾来《じらい》、その研修の日々を忘れまいと「一生初心」を念頭に、マイクの前、カメラの前で仕事をさせていただきました。決して技芸巧みではなく、不器用の見本みたいな人間でしたが、師匠をはじめ諸先輩方、出会いの人に育まれたアナウンサー人生でありました。これまで折々に教え導いて下さった方々に報恩感謝の気持ちでいっぱいです。その感謝の誠をささげる意味で、今般出版の運びとなりました。

本書は、これまで「アナウンサー日記」などに書きつづった文章をもとに大きく加筆し、お世話になった皆さんのことなどをジャンルごとにまとめたものです。

『きよさんのつれづれアナ日記』と名付けました。

波乱万丈、山あり谷ありだったアナウンサー人生の機微、行間を読み取っていただければ望外の幸せです。出版にあたり、巻頭言を、人生の恩人であるシスメックス女子陸上競技部、藤田信之監督、サッカーJ2サガン鳥栖、松本育夫監督にお願いしたところ、お二人とも快く引き受けていただきました。この場をお借りして厚く御礼申し上げます。

２０１０年9月吉日

＊本書に記載しました人物の敬称、所属などは執筆時のものです。

夢に向かって　走思走愛

シスメックス女子陸上競技部　顧問　藤田信之（前監督）

きよさーん‼

『アナ日記』発刊おめでとうございます‼

「きよさん‼　キヨキヨ‼」時には「ザビー‼」と呼ばせて頂く、清原憲一さんとの楽しいお付き合いは16年の永きになりました。

その出会いとは、今回発刊された本誌「きよさんのつれづれアナ日記」にも綴られた、熊本城内で開催された第2回全国中学校駅伝にゲストとして招かれたのが切っ掛け。放送終了後、きよさんに「サウナに行かへんか？」と声を掛けたところ、二つ返事でサウナに直行。そこでの裸の付き合いで意気投合。その後は毎年10回以上は熊本を第2の故郷と称して通う事になりました。

きよさんと共に集う仲間「熊本走思走愛倶楽部」の皆さんと毎回恒例の如く、まずはサウナで身を清め、直ちに楽しい‼　(話)－(和)－(輪)の宴が延々と続く定番コース。ワイワイ‼　ガヤガヤ‼

飲宴、話宴の、話の種は尽きず、多種多様の話題が飛び交う中、きよさんの話は仕事柄か？

ジャンルを超え、人脈の広さが合いまり、あらゆる分野での体験、体感、体得の豊富な知識と、持てる博学をダジャレ博士独特の話術で、義理、人情論は勿論のこと、人間味に溢れる話は抜群。本誌「アナ日記」のナマ版が続く、毎夜の宴は楽しく、可笑しく、和やかで、時の過ぎるのを忘れ「痛飲」すること暫し。私にとっては、きよさんと、その仲間とのひと時は忘れる事のない〝至福〟のひと時でもあります。

今年は、きよさん‼ が「還暦」私は「古希」を迎える年となりましたが、まだまだ人生はこれからが青春だ！を肝に銘じて、今後もお互いに〝夢〟を持ち、〝夢〟を想い、〝夢〟を語り、〝夢〟を追い続ける、をモットーに、飲宴、話宴が永宴に続けられん事を念じつつ、きよさんの「アナ日記」発刊の添え書きとさせて頂きます。

きよさん‼ キヨキヨ‼ ……失礼。

清原憲一さん、「発刊」本当におめでとうございます。

清原さんと私

メキシコ五輪サッカー銅メダリスト　松本育夫

一九八二年六月、私は留学先の西ドイツから、ワールドカップ・スペイン大会のＮＨＫ解説者としてマドリッドに滞在していた。

宿泊先のホテルで清原さん一行の観戦ツアーグループの為に大会観戦ポイントの話をする機会を持つこととなったのが最初の出会いである。以来今年で二十八年の長いお付き合いとなっている。その間私は、㈱マツダのサラリーマンから、プロサッカーの道を進み、京都、川崎、鳥栖と所を変えて今日に到っているが、マドリッドで始まったお付き合いは途切れることなく、サッカー場で、ＲＫＫのスタジオで、そして酒席で、清原節のリードの下、サッカーを語り、人生を語り合ってきた。

清原さんのサッカーに対する情熱にはいつも感服させられる。四年に一度のワールドカップ大会はチケットの入手が大変困難であるが、それにもめげず首を覚悟で会社の休暇を取り、欠かさず観戦していることには脱帽する。それが許されるのも人間清原の持つ「徳」故であろう。

清原さんの持つ「徳」とは二つの要素から成立していると思われる。

その一は「低身高心」である。人生の折々に出会う人々を、立場や上下、身分に関係なく身を低くして誠意と思いやりを持って敬い、しかし自分の人生の志は曲げずに高く持ち続ける生き方をしていることである。

その二は「邪無思」である。出会った全ての人々の長所を素早く見抜き相手を尊敬する清原さんの人間性の中に「邪（よこしま）」な思いは一切ない。

この二つの徳を持って六十年を生きてこられた清原さんから私は「人徳」というものを学ばせてもらった。

ゆったりとして落ち着いた口調の会話から清原さんの人間の太さと豊かな人生を味わいつつ酌み交わす酒は実に旨い。そしてその身から発散する「徳の香り」は現在の日本人から失われつつある貴重なものに思われる。

還暦を迎えられ、益々円熟味を増した行動力で更に素晴らしい人生を創造されることを確信する。

おめでとう清原さん！　そして、ありがとう清原さん。

◉ 目次

アナ日記

陸上競技日記

サッカー日記

野球日記

ラグビー日記

アナ日記

◆アルバム「彦しゃんとおても」

（1990・1・1）

皆さんは、自分のアルバムを何冊持っていますか？

私の場合、そんなに多くはなく、戦後の復興期、誕生から小学校高学年までの写真はアルバム一冊に収まっています。そのアルバム、久しぶりにページをめくってみました。

半世紀の時の経過を物語るように、ところどころ痛みが来ている部分もありますが、モノクロの写真はしっかりと幼少のその時その場面を切り取るように貼り付けてあります。

アルバムの制作者、私の父は瓢逸味のある人で、そのひとつひとつの写真の下に、自分が感じたままのタイトルを書き込んでいます。

これは3歳の時の写真です。タイトルは「彦しゃんとおても」。そうそう、私は、〃おても〃でなく〃彦しゃん〃です。〃おても〃は、母方の従姉弟のえっこちゃん。

撮影場所は、母の実家の熊本市小沢町の空き地。バックは、坪井川を隔てて北岡自然公園です。

三つ子の魂百までと言いますが、その後、長じて熊本放送に入社した〃彦しゃん〃は、念願叶い熱血ジャゴ一座で、ばってん荒川さんと肥後にわかの舞台を踏むことになろうとは……。

◆バドミントン　シャトルを追っての思い出（1990・1・20）

私たちはこの一年、熊本中央女子高校、宮村愛子選手のバドミントンに賭ける青春を追っていました。彼女が、工藤勇参監督とともに日本一を夢見て努力する姿を描き出そうとしていました。

　高校バドミントンには、春のセンバツ、夏のインターハイ、秋の国体と三大タイトルがありますが、バルセロナ五輪の星と期待され、彼女はセンバツで三冠に輝いたものの、インターハイ、国体とライバル大阪四条畷学園の水井妃佐子選手に敗れ、試練の日々が続いていました。周囲には「宮村は弱い」「バドミントンは暗い」「勝った負けたを追うだけで何になる」といろいろな声があったのも事実です。

　しかし、私たちはスポーツドキュメントの基本、彼女の青春の日々を丹念に追うというスタンスは変えませんでした。残るは、年末の全日本総合選手権。勝てば史上最年少女王の誕生です。彼女もこの大会に照準を合わせ、取材スタッフも、この一年の最大のヤマ場と見ていました。とりわけ今回の東京取材行の主軸、坂口洋一朗ディレクターは「決勝の12月24日が〝愛子のメリークリスマス〟になれば最高」と語っていました。

　ところが、意気込んで上京した12月19日、坂口ディレクターの父上の具合が悪いとの連絡が入ります。彼はその日のうちに東京から熊本へとんぼ返りして行きました。

　残留部隊は小生と大田黒弘カメラマンだけ。年末の繁忙期、本社からの援軍は願うべくもなく、たった二人の奮闘努力の一週間となりました。宿舎の六本木と、会場の代々木体育館の往復の毎日……。

長いスランプを脱し、力強いスマッシュを決め勝ち進む宮村選手。それに応えるように苦しい取材状況の下、大田黒カメラマンのカメラワーク、フットワークも冴えます。

果たして、クリスマスイブ、宮村愛子史上最年少女王誕生の瞬間を映像化することができました。

けれども、取材班にとっては悲喜こもごものクリスマスとなりました。彼女が優勝杯を手にした時、すでに坂口ディレクターの父上は他界されていたのです。遺品の中に宮村選手活躍の

新聞記事の切り抜きがあり、帰熊後、お参りしてそれを拝見した時、いくつになっても子を思う父の姿に、こちらも涙がこぼれました。

日本一を目指すとは、選手を育成するとは、師弟愛、スポーツの持つ美しさ、感動、悔しさ、涙、笑顔……。

栃木、大阪、高知、北海道、東京。一人の女子高校生が、ラケットを握り、シャトルを追い、夢を追い続けた日々を描くスポーツドキュメントのタイトルは、「シャトルを追って夢を追って」RKKテレビ2月3日午後1時半からの放送です。

◆興奮と感激の人生を—谷川竜王からの贈り物　（１９９８・１・20）

アナウンサー人生で出会った方々からいただいた大切な言葉は数知れません。

「興奮と感激に生きる」

これは、私が新人の頃、健康マラソンの生みの親、熊本走ろう会の加地正隆会長が、文部大臣表彰のお祝いインタビューの中で語ってくれた言葉です。「あたしゃ、興奮と感激に生きる男ですたい。人生、興奮と感激の中に生きらにゃ」。その時の加地さんの少年のような目の輝きを忘れません。

それ以来、加地さんのように、趣味はもちろん、仕事の世界でも「興奮と感激」に出会えたらいいな、苦労も苦労でなくなるのではと自分自身に語りかけて生きてきました。

この間、興奮と感激に出会えた喜びは、スポーツの実況など動の世界ばかりではありません。静かなる戦いの場でも心が躍ることがありました。

１９９１年のＪＴ将棋日本シリーズ２回戦熊本大会は、谷川浩司竜王対羽生善治棋王の夢の対局が実現しました。テレビ中継の司会担当の私も気合が入りました。

この夢の対局は、期待にたがわず息詰まる攻防が展開され、早指し公開対局には珍しく１５３手のねじり合いの末、羽生棋王に凱歌があがりました。対局後、谷川竜王が、舞台の対局場に白いハンカチを忘れるハプニングがありました（対局時の白いハンカチは谷川竜王のトレードマーク。余程敗戦のショックがあったのでしょうか。冷静沈着な谷川竜王が対局場に忘れ物など普通はあり得ないことです）。司会の私が控室に届けに走りました。

その時「来年のJT将棋日本シリーズは決勝戦が熊本です。来年も私が司会を務めることになっています。来年こそ熊本でいい思い出を作ってください。お待ちしています」と言葉を添えました。

果たして、翌92年のJT将棋日本シリーズ、谷川竜王は順調に勝ち進み、札幌での準決勝で、因縁の羽生棋王に80手で雪辱。決勝の地熊本へとやって来たではありませんか。

時は、11月29日、熊本市民会館、南芳一九段との対局でした。結果は、谷川竜王が得意の光速の寄せを発揮しての勝ち。2年ぶり3回目のJT杯を手にしました。表彰式が終わり樫山南風画伯の「火の国讃舞」の緞帳《どんちょう》が下りてきます。舞台側の関係者がほっとする瞬間です。

JT将棋日本シリーズ　谷川浩司氏と

正にその緞帳が下りきった時、「谷川先生、今日は忘れ物ないですよね」私が小声で問いかけました。すると優勝者は、前の年のこと覚えていてくれました。「忘れ物、忘れ物……」。ニコッと笑って和服の袖を探り、今の今まで対局中に手にしていた扇子を、私に手渡してくれました。

物静かで高ぶらない謙虚な人柄の谷川竜王からの突然の粋な贈り物でした。その扇子のぬくもりを今もはっきりと覚えています（この時ばかりは、決してナイスセンスなど言いませんでしたよ……）。

月日はめぐって、このあと谷川竜王は、竜王でなくなり、阪神大震災を経験し、96年には無冠になります。まさに波乱万丈の将棋人生です。この間、こちらからもお見舞い、励ましの手紙を出しましたが、その都度丁重な御礼の返事が届きました。そして、「壮大なゼロからの出発」と形容される季節《とき》が来ます。雌伏の時を経て、まず羽生七冠王から竜王を奪還します。そして97年に2度目の名人位に返り咲きを果たします。

「将棋は単なる技術ではなく、対局する人間の将棋観、人生観を競う場、人間対人間の戦いだと思うのです。だから技術より人間研鑽が大事ではないでしょうか。盤に向かうだけが将棋の勉強ではないという気がします」

さすが苦労を重ねた名人の言葉です。

アナウンスメントも単なる技術ではなく、やはり人間研鑽が大事です。今や家宝となったあの時の扇子眺めながら、名人の言葉かみしめる年頭です。今年はどんな「興奮と感激」が待っているのでしょう。

（2001・12・9）

◆フットワークキヨハラこと＝清原憲一

ことは、ひと月前までさかのぼります。

球磨郡上村で、熊本県中学校駅伝競走大会が開催され、私がラジオの速報を担当したわけです。その時、取材中に、ちょっとした出っぱりにつまづいて、倒れそうになりました。（熊本弁で言うとツコケそうになったとですたい！）

ところが、日頃の運動の成果か？　前つんのめり状態のところ、ぐっと踏ん張って、あわやすんでで、右足を送り、左足で支え、ツコケんで（こけなくて）すんだのでした。

傍から見ていた人は、この光景、たいぎゃな（たいそう）おかしかったでしょう……。だって、体重80キロになんなんとする（80キロはない！）オジサンが、コケそうで、たたらを踏みつつ、ドタバタと足を送り、左足で全体重をグッーと支え、コケなかったのですものね。

しかし、傍目はどうであれ、私は、内心、我ながらアッパレと思うとりました。このフットワークは、まだまだ、まんざらでないぞと！　正月の6人制サッカーで、ゴールキーパーも川口能活並にやれるかもと!!

ところが、語るも涙……。今日になって、踏ん張った左足の踵が、急に痛み出したではありませんか。それも、起き抜けに歩けないくらいに……脳天に響く！　熊本弁で言うと、頭《ず》まで響くとです。

よりにもよって、ひと月たってからですよ……。普通、痛みは、遅くとも2、3日後ですよね。すぐ、泗水の打ち身捻挫に効く温泉に行って、痛みはやわらいだのですが……トホホ……。なにが、川口能活か……。まだ、踏ん張ると痛てえー

人生、つまずくこともありますが、上手にツコケルことも大事かなと思ったりしています。

何事も無理はいけませんぜ！

年寄りの冷や水って言葉ありますが……。

たたらを踏んで……不満たらたら。……なにがフットワークか……。

オッサンの送り足……支え足……。

勇み足か……痛み足……お粗末……。
フットワルク……足悪く……アシカラズ……ハハ。

（2002・4・5）

◆四月の心で

今日も、昨日同様、熊本は、湿度が低く、さらっとした空気のお天気でした。金峰山も、くっきりと近くに見えました。もう、山桜のピンク色は見えず、金峰山全体が、新緑のうねりに包まれていました。

こんな状態を、俳句の世界では、「山笑う」というのでしょう。平野部の花見は終わったけど、緑の世界もいいですよね。イチョウの芽吹きもかわいいものです。柳の若葉は、ミシンかけたみたいでしょ。楠の落ち葉のカラカラという音も、赤い若葉のつやつやとした輝きもこの季節ならではの風情です。

「山笑う」なら、こちらも新しい息吹を感じて、新しい四月、笑顔でスタートしたいものです。

「四月の心で」大学の恩師が、口癖のように言ってました。四月は、教科書もノートも、みんな新しい！　みんな「やるぞ」という意気込みがある。

梅雨になっても、夏になっても、秋になっても、冬になっても、その「四月の心」忘れるなと……。「山笑う」季節がめぐるといつも笑顔で諭してくれた恩師のことも偲ばれます。

◆海はまねく

（2002・7・27）

昨日の山田アナの日記にあるように、

私も、子供の頃は、ワクワクする心で、早く夏にならないかなあって思ってましたよ。ところで、この何年か、その少年の夏の日々を思い出させようとするかのように、私の頭の中で、ある歌の、断片的な歌詞とかすかなメロディーラインが蘇って来ていました。

断片の歌詞は「手をあげて海は呼ぶ、早く早くおいでと海は呼ぶ♪」というものです。

しかし、どうしてもその歌全体が思い出せない……、頭の中に手突っ込んでその記憶だけ取り出したいと思っても、どうしても思い出せない……。こんなことってみなさんもありませんか？（単に年寄っただけか……ハハ）

それで、このところ、断片的な歌詞とかすかなメロディーライン手がかりに、「どうしても思い出したい」という思いが募り探偵になった気持ちで、捜査に拍車がかかりました。手がかりはまず「タイトル」です。インターネットで「海」「海は呼ぶ」を検索しましたが、手がかりはありません……。もう少し捜査範囲を広げようと長考に入りました。

刑事もの、探偵ものの小説でも、長考のあと、ある種のヒラメキがあり、問題解決に向かいますよね。そうそう、このところ度忘れがハゲしい小生の頭、いやいや、頭の中身＝頭脳も、学生時代のヤマ勘が戻ってきました。そして、昨日のこと……。

手をあげて海は呼ぶ「♪……早くおいで♪……」だったら「海がおいでおいでしている」

「海はまねく」かもしれない！

ヤマ勘当たり!!　やりました！　ネット検索、みんなの歌「海はまねく」イタリア民謡、薩摩忠作詞１９６４年放送と出てきました。

早速ＲＫＫのレコード室のスタッフに協力してもらい古いＬＰレコードの中に「海はまねく」を発見しました。

そよふく海の風も
潮騒のひびきも
みんな僕を呼んでいる
青い海の声よ
岩にくだける波も、貝殻のひびきも
ぼくを招くささやき……

曲を聴いた瞬間、なつかしい人に再会したような思い……。少年の夏の日々がよみがえってきました。

そうそう山田さん！　夏は本来ワクワクするときめきをもった季節です。辟易しないで、今年も真夏のきらめきの中で元気に参りましょうよ。

なつかしい歌に励まされた昨日今日……。

そうそう夏の高校野球熊本大会は明日が決勝戦です。

甲子園が招いています。熊本工業、九州学院、どっちでしょう? ワクワクしますよね。両校の、暑さに負けない元気あふれるプレー・応援を期待しましょう。

ＲＫＫラジオでは、暑さに立ち向かう山﨑、佐々木、岡村アナが、この決勝戦の模様を密着取材をもとにお伝えします。

解説は、済々黌、早稲田ＯＢの工士哲生さん。

明日午後零時50分からの放送、ぜひお聞きください。

（2002・8・6）

◆さよなら城内プール

熊本県営熊本城プールは、「城内プール」の愛称で親しまれていましたが、昨年閉鎖され、この夏、解体……。現在、取り壊し作業が行われています。

「城内プール」は、昭和34年オープン。昭和35年の熊本夏季国体の会場でした。それよりなにより、私にとっては、小学生の時からの水泳上達の道場でした。

そのころ、プール代は10円か20円だったと思います。帰りに、ＲＫＫのところにあった「冷やしあめ」飲むのが楽しみでした。中学生になると辛島公園のうら、当時産交のターミナルがありましたが、そこの「都万十」が泳いだあとのお腹を満たしてくれたのも思い出です。

アナウンサーになってからは、録音機を肩に、熊日学童五輪水泳大会の取材などでよくでかけました。水泳上達の道場は、いつしか実況放送の道場にもなっていました。

また、小堀流の先師祭を全国中継したことも昨日のことのように思い出せます。熊本城の天守閣が、手を伸ばせば届きそうなところにあり、森の都にふさわしいカッコイイ屋外プールでした。老朽化、利用者の減少で昨年閉鎖になりましたが、実際、シンボルの高飛び込みの10メートルの塔が跡形もなくなってしまうと、なんとも言えない愛惜の情で胸が一杯です。くまもと遺産がまたひとつなくなった思いです。

「冷やしあめ」「都万十」とともに昭和が遠くなっていく思いです。

浮き身して我のものなり天守閣

こんな贅沢もできなくなったのですね……。ありがとう、さようなら「城内プール」。

（2003・1・27）

◆友人の娘披露宴

昨日、30年来の友人のお嬢さんの結婚披露宴に出席しました。親族、知人、友人に職場の上司、同僚、合わせて80人あまりのこじんまりとした披露宴でした。私は、乾杯の発声担当でしたが、そのあと、余興のカラオケもなく、ただただ、新郎新婦の幸せの門出お祝いしながらの懇談・会食でした。

その中で、ほのぼのと心うたれたのが、集った皆さんのスピーチと、新郎新婦のメッセージ、そして、新婦の父親である私の友人の結びの挨拶でした。

新婦は、家族ひとりひとりに対し感謝の気持ちをしたためたメッセージを読み上げ、花嫁の父は、それに答え、娘を思う気持ちを、涙こぼしそうになりながら、立派にスピーチしてくれました。

私のことを「おじちゃん」って慕ってくれた友人の娘さんの、幸せいっぱいの笑顔……。鳴り物ひとつない披露宴でしたが、集った人たちのお祝いの心が一つになった披露宴……。それがかえって、印象深く、今日になっても、私の心の中にフワっと春風が吹いています。

◆ハンドボールの恋実る

（2003・2・10）

2月8日の土曜日、中学ハンドボール、駅伝の取材で大変お世話になった先生の息子さんの結婚披露宴に招かれました。ご媒酌人、来賓の方々のお話伺うと、新郎新婦は、富山と熊本の遠距離恋愛を実らせ、ゴールインしたそうで、それも半端じゃない。

1987年に、岐阜で全国中学ハンドボール大会が開催された時、中学2年生だった新郎は、富山代表の一つ年上の3年生ポイントゲッターに一目ぼれしてしまいましたと。

それがのちに新婦になる女性なのですが……。彼は好きなひとを思いつづける……。しかし、高校時代も思い打ち明けられず、富山－熊本のまま。大学も、彼女が進んだ大学に一年遅れで入り、告白の時をじっと待っていましたと。そして、ついに大学4年のときに、告白・初デート。それから、富山－熊本の距離を隔てて、中学以来の一目ぼれの愛を実らせたのですと。ああ、ここまで、書き込みしてきて、こっちのほうが、熱くなってきました。

小生、おひらきに、ハンドボールがご縁のお二人に、新しい二人の人生の門出をお祝いする意味で、ハンドボールの試合開始は、スローオフといいますから、新しい人生の始まりの幸せのスローオフのホイッスルを吹かせてもらいました。

好きなひとを思いつづけるって素敵ですね。

◆ナンバ歩き

（2004・8・16）


いやはや、アテネ五輪は柔道＝谷、野村に続いて熊本県出身の内柴正人選手も、すべて一本勝ちでの金メダル！　お見事でした。すごい!!　こうなると、あとに控える熊本出身の選手にももっともっと活躍してもらいたいですよね。

このうち陸上競技の末續選手は、8月21日が、100メートルの1次、2次予選、22日が、準決勝と決勝です。どんな走りをするのか今からワクワクします。

さて、先ごろ、この末續選手の走り方の工夫で話題になったのが「ナンバ歩き」です。本屋さんのぞけば、今「ナンバ」に関する本も沢山出ています。

その一説によると、日本人は、明治以前は、右足が前に出るときは右手が前、左足が前に出るときは左手が前という歩き方をしていたというのです。

この「ナンバ歩き」のほうが、体のねじれが少なく、身体力学的に安定し力を集中しやすいのだそうです。

同側順体……。先日、朝の散歩の時、実際に試してみました。なるほど、なるほど！　末續と同じような気持ちになって、手と足が、右は右、左は左、一緒に出ていきます。

ぐふふ！　おれもまんざらでは！

その時でした！　近所のおばさんが「清原さんなんばしよっと？」。

あぁーぎごちない歩きを目撃されていたのです。なんばしよって……ナンバですたい……。

う、答えきらん！

顔が赤らみ、うすとろかった……。

熊本弁注　なんば＝なにを
しよる＝している
しよっと＝しているの
うすとろか＝気恥ずかしいきまりが悪い間が悪いなどの自嘲的表現

（2004・9・26）

◆ギンナンで災難

おととい の片岡ANの日記によれば、台風の影響で今年の熊本の稲作は、反当り一俵の減収というところもありそうですが、実は……私も未だに台風の影響を被っています。

台風18号が過ぎ去った日、我が家近くの杜のイチョウが沢山の実を落としていました。「もったいない」（これがいけなかったか……）。ビニール袋一杯拾って帰って10日間、庭に放って置いていたのですが、あの独特の匂い……。家人の「どぎゃんかせんね」の一声！ ごろ寝の休日と決め込んでいたのに、やむなく、ゴム手袋を装着しヌルヌルの実の外側をむいてギンナンを取りだしにかかりました。

匂いに耐えつつ、ひとつひとつ丁寧な手作業……ここまではよかった。なにごともなく、「ことしの冬は銀杏入りの茶碗蒸も楽しめるぞ」などと思いながら小一時間の作業を終えたわけです。

しかし、天災（人災かも）は忘れた頃の2日後にやってきました（なぜか2日後にきたのです）。

ゴム手袋までは準備がよかったものの、その作業の日は、まだ残暑きびしく、半そでに短パン姿だったのです。小手からひじの部分がなにやらカユイ！ 両足のすね部分が赤くなってる！

そうです！ 正真正銘、ギンナンにかぶれたのであります。これがまた、激しい湿疹状態……。柔肌？ にアセモの集団みたいなのが、燎原の火のごとく広がり、この1週間は、カユミとの戦いでありました。

ようやく下火になったものの……とほほ……。長袖にスラックスの装備を整えておけば、後の祭であります。悩ましい、台風のとんだ後遺症……。

「ギンナンのコロコロ焼で一杯」と思ったバチがあたったのか……。

これこそ「自己責任」。おのおの方！ギンナンを決して甘く見てはなりませんぞ。

熊本弁注　どぎゃんか＝どうにか
　　　　　せんね＝しなさい

この言葉を肥後の女性が口にすると強意の強制語になり脅威である。この場合「どぎゃんかせんね」の一言でギンナン剝きは絶対しなければならなかった。

（2004・10・1）

◆「まつぼり」

今週月曜日のRKKラジオ「ばってん荒川ぴら～っと登場」の熊本弁を紹介する「この国のこの言葉」のコーナーで「まつぼり」が話題になっていました。

肥後狂句の安藤黒竜さんの解説で司会の小宮Dr.も「へえー」の連発でした。御存じですか？「まつぼり」！　熊本生まれの熊本育ちの私は、ちょこちょこ使っているのですが……。最近はこの言葉、熊本の人でも使わない、意味を知らない人が増えています。「まつぼっくりなら知っているが」と言う同僚もいました。「まつぼり」とは、くすねること。へそくり。物を密かに蓄えることです。くすねること、へそくりをすることを、動詞化して「まつぼる」とも言います。放送のあった翌日、なあんも知らんだった小宮Dr.に、「これからは『マツボリ小宮』ってニックネームがつくかもね」と冷やかしてみたものの、なぜ、へそくりを「まつぼり」と言うのか当方も詳しくは分からず、もっと調べてみました……。

そうしたら、いろいろ分かってきました。古語＝散らばったものを一つにまとめるという意味の「まつべる」から来ています。広辞苑には、まつべる＝集べる・纏べるという言葉はちゃんと載っていました。まつむ＝集む・纏むと同じく＝ひとところに集めそろえる＝まとめるという意味だそうです。漢和辞典で纏＝まといを引くと、火消しの纏も紐や布を一か所にまきつけたものでここから由来しています。

熊本弁は、調べれば調べるほど、このように古語がそのまんま残った言葉が多くキラキラ輝いています。また、気象用語では、「まつぼり風」という局地風がありました。

低気圧が九州の西にあり、かつ、温暖前線が九州の南海上にある場合、阿蘇外輪山の切れ目一体で強風が吹きます。この強風が「まつぼり風」と呼ばれます。風もまとまると強く吹くので、そう呼ばれるようになったのでしょうか。

参考注　高千穂地方や四国の阿波弁にも「まつぼり」は存在するようです。

◆常田富士男さん口演

（2004・11・2）

先日、熊本市のギャラリーで開かれた俳優・常田富士男さんの口演会に行きました。

このギャラリーでは常田さんの高校時代からの友人でフランス在住の画家・森山裕之さんの個展が開かれており、その里帰り個展に合わせ、森山さんの抽象画をバックに友情口演会が企画されたのです。

午後7時に常田さんが登場すると90席の満員の参加者から大きな拍手が送られ、「最後の授業」の口演が始まりました。さすが常田さんです。単なる朗読でなく、言葉が体の中にしみこんでいてしみこんだ言葉が、口に還流して語られる、まさに口演です。なんともいえない「間」。登場人物の太郎君、花子さん、次郎君の「声音の妙」。前から3列目で常田さんの世界に浸ることができました。

しかし、途中で、「チャリン……」「チリン……」「チュリン……」という音が会場の後ろから聞こえてきて耳障りでした。

あとで気付いたのですが、なんと携帯電話に付属したカメラの写真を撮るときの音でした。「音」の世界に異質の「音」が入ると、興ざめです。せっかくの口演会、素晴らしかっただけに、常田さんの話芸を聞きにきたのか、「日本昔ばなし」でおなじみの常田さんを撮りにきたのか……、せめて、口演会が終わった後にシャッター押して欲しかった。

携帯電話付属のカメラにマナーモードはないのか！（ないんですってね、盗撮の防犯の為ですって……）
やっぱり、口演会では、聞くなら押すな！ですな。

（2004・11・12）

◆「満願寺そば」

このところそば屋さんの取材が続いています。12月9日放送予定の「週刊山崎くん」、「老舗！名店！変わりそば！新そばの季節こそそば三昧」のそば屋さんめぐりの取材です。テーマは「そばとおじさん」ですって……。小生は、まだおじさんではないだろう奥田圭さんとのコンビで主に阿蘇・小国・西原方面の担当になりました。

そばは小さいころからよく食べていて一日三食でも苦にならないくらい好物です。今日も朝から、まいたけ天そば、地鶏そば、そばアイス、そばムース、そばがきと取材が続きました。そして午後に南小国町の山奥、満願寺立岩の満願寺そばを訪ねた時のこと。そこの御主人が以前どっかで会ったような顔つきをしていました。

「いやあ私は、熊工で西武の伊東監督の一年後輩で投手やってました」。その一言でこちらの「おじさんおぼろげ記憶」にスイッチが入りました。熊本工業高校、有名な秋山兄弟のひとり（お姉さんも名マネージャー、すぐ上の兄は競輪選手）秋山源助君ではありませんか。

1981年（昭和56年）高校野球で活躍した好投手です。その年の夏は甲子園でベスト4まで進んだ鎮西に話題が集中しましたが、鎮西・岡本、九学・園川、熊工・高崎と肩を並べる好投手でした。社会人野球に進み日産でも右腕がうなりました。その後、熊本に帰り、いろいろ苦労を経験したあと、そばの持つ魅力、おいしさに目覚め、一念発起して満願寺立岩の民家を改築してそば屋を去年の4月に開店したそうです。

自ら種を蒔き育て収穫したそばを石臼でひき、右手のボールを包丁に持ち替えそばを打つその姿。熊工のユニフォームではなく、そば屋の主人のいでたちが、すっかり板についていました。球場ではなく、思いもかけない山奥のそば屋さんでの再会……、人生のえにしを感じます。「人の世は縁の糸のからみあい、たぐる幸せ、また不幸せ」。ふとこんな言葉が浮かんできました。

思いがけないところでの思いがけない人との再会。もちろん、そこでいただいた二八そば、田舎そばもおいしかったのですが、人生のめぐり合いの妙にもいたく感じ入った一日でした。そばにはルチンやコリンなど体にいいものが含まれていますが、再会したそば屋の御主人の姿からも元気を頂戴しました。

まっ、それやこれやのエピソード、おじさんトークもないまぜの「週刊山崎くん」そば特集は12月9日です。おいしいそば屋さん続々登場！
見てくださいい!!

◆剣持研治写真集

（2004・12・1）

牛深市出身のアマチュアカメラマン・剣持研治さんが、カンボジアで撮影した写真集を、おととい11月29日熊本県下の公立図書館、各高校に寄贈しました。「クメールの笑顔」と題した分厚い写真集150冊です。現在、下関在住で製鋼会社に勤める傍ら、アマチュアカメラマンとして世界の山岳地帯を撮り続けていた剣持さんですが、初めてカンボジアを訪れたのは、2002年のこと。世界遺産・アンコールワットを撮影したのが始まりです。

しかし、遺跡や風景の撮影にとどまりませんでした。アンコールトムの撮影の際に、遺跡前の池で家計を助ける為、菱の実を採る少女と出会います。世界の観光客が旅行して寺院遺跡を見学している前で貧しさから幼い少女が働く現実……。

この少女の笑顔の写真が表紙となり、写真集のタイトルが「クメールの笑顔」になりました。「カンボジアの子は家の為に働いているけど明るい。なぜ？　一年たって出た答えは、親の愛情と家族の絆の強さがあるから。それを今の日本人は忘れていることに気付いた」と言います。長年に渡る内戦のため国土が荒廃し、心と体に深い傷を負ったカンボジアの人たち。写真集では、未だに続く地雷の撤去作業やその犠牲になりながらも家族と力を合わせ逞しく生きる人々の姿を記録しています。

有給休暇を利用して4回に渡り訪れ撮った写真は6000枚に上ります。そして、今年の夏には5度目の訪問で完成した写真集を被写体となったカンボジアの人々に手渡して回りました。このあたりが、剣持さんの人柄の表れでしょう。中学生の時、炭鉱の落盤事故で父親が重傷を負い、進学をあきらめ集団就職し苦労した剣持さん。

15歳で天草を離れ名古屋が振りだしの社会人生活。そのとき、お寺の住職にもらった言葉を大切にしています。〝施しは無限の財産である〟「この言葉を忘れずに59歳の今まで生きてきましたが、施しを受けていたのは私のほうでした。これからは受けた施しを世の人々に少しでも返せるよう生きたいと思います」と語ります。この剣持さんのカンボジア写真集の話題は、昨日、TV「ニュースの森くまもと」で詳しく紹介しましたが、RKKラジオでは、明日2日（木）午後9時から放送の「美少年・お酒にしましょ」でゲスト出演してもらうことになっています。

なお、剣持研治カンボジア・アンコールワット写真展が12月7日（火）から12日（日）まで熊本県立美術館分館で開催されます。

7日（火）と12日（日）にはカンボジアビデオ試写会と剣持さんの講演もあるそうです。入場無料です。ぜひどうぞ。

◆剣持研治写真展（2004・12・8）

12月1日の「アナウンサー日記」で紹介した熊本・牛深出身のアマチュアカメラマン、剣持研治さんのカンボジア・アンコールワット写真展が熊本県立美術館分館で始まりました。

早速行ってきました。新聞紙を開いた大きさの写真と新聞紙大の写真が、なんと127点。ひとつひとつ見て回るのに、小一時間かかりました。カンボジアの人々のやさしい表情、市場、遺跡、寺院の現状が、様々なアングルで紹介されそれぞれに解説コメントがついています。

圧巻はアンコールワット遺跡の朝のシルエットです。2002年から2003年にかけて4回も訪れて、同じポジションからそれぞれ撮影された、4つの表情の写真。

11月、赤く燃える空のアンコールワット。

2月、曇り空の中からのぞく幻想的な日の出。

9月、遺跡前の聖池を黄金色に染める雨期の夜明け。

そして4度目の12月に遭遇した一面ブルーの朝焼け。

すばらしい作品群でした。ただ、剣持さんが残念がっていたことは、館内の照明光量が足りず、それぞれの展示写真の前に立つと見学者自身の顔が映ってしまうことです。

「3月に写真展を開催した下関の美術館ではこんなことはなかった。なんとかしようと個人的にライトは打たせてもらったけど、それでも……」

念願のふるさとの美術館で開催の写真展ですが、ちょっと悔しそうな剣持さん。

「写真展ができる器も大事ですが、器の内側の充実もその土地の文化度です」

シャッターチャンス逃さない鋭い目での辛口のコメントに、県民の一人として恥ずかしさを覚えました。しかし、照明光量問題など、ものともしない迫力の作品の数々。この「クメールの笑顔」と題した写真展は、入場無料 12月12日（日）までの開催です。

あっ、そうそう、「週刊山崎くん」「老舗！穴場！名店！新そば食べ歩き」はいよいよ明日放送です。

明日の「熊本日日新聞」の朝刊テレビ欄、ご注目ください。

◆がんばれ米焼酎

（2005・3・18）


今、芋焼酎ブームが続いています。酒屋さんの焼酎コーナーは「芋」だらけの観です。「米」の居場所がない……。なんてこったい！

こちら、熊本県人です。まったく私的ですが、芋もいいけど米！ であります。米の焼酎と言えば球磨焼酎です。球磨焼酎は、わが国の純米焼酎の代表格です。シャンパン、スコッチなどと同じく地域名を冠する「世界の銘酒」です。それゆえに球磨焼酎もがんばって欲しいと思う一人です。酒の種類、日本酒がいいか、ワインがいいか、焼酎がいいか、日本酒の中でも、大吟醸がいいか、純米がいいか、ワインの中でも、白がいいか、赤がいいか、焼酎の中でも、芋がいいか、米がいいか、麦がいいか、これは、人それぞれの嗜好の問題で、こちらも雑種雑飲、ケースバイケースなのですが、こと焼酎になると、どうも、このところ、芋に米が押され気味なのが気になります。

以前は、「芋のあの匂いがどうもねえ」と言われていたのに、今じゃ、「芋のあの匂いがいいのよ」と若い女性がのたまう。かてて加えて「米は匂わないのよ」と二の矢がくると、熊本県人の一人は、言葉を探せなくなります。

確かに、最近の球磨焼酎は、減圧蒸留で吟醸香を生かした軽やかな飲み口が特徴のものが主流で、芋に対抗する「米本来の匂いのあるもの」が、少なくなっているようです。

昔ながらの濃厚な風味をもつ鼻に「クーン」とくる個性派には、なかなか巡り会えません。私が大学生のころの球磨焼酎は、もっともっと「匂っていた」と思うのです……。あくまで嗜好の問題なのですが……。芋みたいに「匂う米の濃い酒」どこ行った！

芋もいいけど米！　こちら、体調のこともあり、以前よりお酒飲む量はぐっと減りましたが、「クーン」とくる球磨焼酎探しの嗜好の旅はつづきます。

そう言えば、明治の文人＝田山花袋も、旅が好きで、若鮎の獲れる頃、人吉の温泉宿を訪れた記録が残っています。

さはいえど君ぞ恋しき一人してあたら若鮎くまの濃い酒　　田山花袋

◆イカナゴ芦屋の母恋し

（2005・4・3）

1979年（昭和54年）の高校野球夏の甲子園熊本県の代表校は、済々黌でした。そのころ、熊本県代表チームの宿舎は、タワーサイドホテルでなく、巨人の定宿として知られる芦屋・竹園旅館でした。「甲子園だより」のリポーターだった私は、初日の取材を終え、宿舎近くの、床も木作りのウッディーな喫茶店を訪ねました。先輩カメラマンの託《ことづ》けで、ぜひ訪ねるようにと言われていたのです。人の縁って不可思議ですよね。「先輩カメラマンが前回お世話になりました。よろしくとのことです」と挨拶に行っただけのことなのに、それがきっかけで、その喫茶店の気さくな御夫妻を、「芦屋のお父さん、お母さん」と呼ぶようになり、我が家あげて家族ぐるみのおつきあいをさせていただくことになろうとは……。

何度も熊本に来てもらったり、芦屋にお邪魔したことでしょう。残念なことに阪神大震災で、喫茶店のあったところもなくなり、数年後お父さんも、他界されましたが、毎年毎年、この季節になると芦屋のお母さんからは玉筋魚の「くぎ煮」が送られてきて、ひとつ春を実感します。

玉筋魚はイカナゴと読みます。体長3チセン前後の魚です。

英名も面白いですよ。"Japanese sand lance"日本の砂槍魚……。きれいな海底の砂地に棲む細長い槍のような魚……春告げ魚のひとつです。いかなごの佃煮は、出来あがりが、さびた古釘に似ているところからこの名になったと言われています。

明石、神戸地区の家々では、それぞれ家庭に秘伝の味があり、いかなご・くぎ煮作りは早春から桜咲く頃には、なくてはならない風物詩になっています。

昨日届いた小包には、芦屋のお母さんの自作と、近所の方の手作り、それと知り合いの魚屋さんのもの、三種類のくぎ煮がありました。今年70歳になる芦屋のお母さんのなつかしい筆跡で手紙が添えられ「食べ比べてください」とありました。

御縁の結びつき、人の情けと情けがからみあったような形状のくぎ煮。今夜は、これで一杯です。

そうそう、高浜虚子の句にこんなのがありましたっけ。

いかなごにまず箸おろし母恋し

（2005・4・8）

◆練兵町枝垂れ桜秘話

熊本市山崎町30番地は、熊本放送のあるところですが、その北側の通用口を一歩出ると、ビルとビルの間から練兵町の和食店の庭にある、高さ10メートルの枝垂れ桜が垣間見えます。

今まさに庭の一角を覆わんばかりに、見事にその枝垂れ桜が満開を迎えており、春の日差しとともに、あでやかな赤みがかった桜色が目にまぶしく飛びこんできます。

RKK通りから一歩入った細道にあるので、車で通りかかると、気づかないかもしれませんが、私の好きな春の光景です。

実は、この枝垂れ桜には、逸話があります。この和食店のあるところは、以前、さる会社の役員の大きな邸宅でした。そのころから、見事な花を咲かせていましたが、その邸宅が5年前売りに出され、跡地にマンションが建つ計画が持ち上がりました。「マンションが建つと枝垂れ桜が切られてしまうかもしれない」どうにかしなければ……。こう危機感を募らせたのが、近所で和食店を営んでいた中村康宏さんです。

聞けば中村さんも、毎春、この枝垂れ桜の魅力に引きつけられていた一人だったのです。この枝垂れ桜をなんとか残したい……。邸宅が取り壊されてマンションが建つのなら、せめて、枝垂れ桜のあるところの周囲だけでも購入してこの木を守りたい……。はじめは、そう思ったそうです。ところが、どういう事情か、マンション建設の話が立ち消えになってしまいます。

そして、和食店として改装してはどうかと、庭を含め245坪の邸宅全体の購入話が中村さんに持ち掛けられました。けれど、邸宅全部の土地・建物＝不動産を購入するとなると、莫大な資金がいるわけで……。中村さんは、当然のことながら戸惑いました。

枝垂れ桜は守りたい、しかし億単位の金をどうするか……。熊本弁で言うと「えーもさいさい、どぎゃんかなる。いや、どぎゃんかする」（えーい、もう知らん！どうにかなる。いや、どうにかする）。結局、枝垂れ桜が中村さんの背中をグイっと押しました。

9ケタの銀行融資にサインするとき、手がふるえてしまって、なんとも言えない「ドキドキする気持ち」は、今でもはっきり覚えているそうです。カウンターの向こう枝垂れ桜を背にして、逞しい腕で魚を捌く中村さんのメガネの奥は、常に職人の目ですが、こと枝垂れ桜の話になると、表情が柔らかく緩みます。

「カラスが大敵です。蕾の来とる枝ば折るとです。その頃は寝ずの番で店に泊り込みます」今は、魚釣り用のテグスを枝垂れ桜の周りに張り巡らしてカラスの害から守っています。推定樹齢50年の枝垂れ桜を守りながら、集客の器となる、元邸宅の間取りを活かしてこれからも熊本の食文化を高めていけたらと語る中村さん。枝垂れ桜の話題が、人から人に伝わり、邸宅改装4年目のお店もにぎわって、細腕繁盛記ならぬ、枝垂れ桜とともにの太腕繁盛記でしょうか。肥後の〝桜守り〟ここにあり！

枝垂れ桜の花を見上げては、火の国の男気を感じる、まさに一刻値千金の春であります。あちこちで、ソメイヨシノの花見の宴も賑やかに開かれていますが、電車通りから一歩入った細道の春のそぞろ歩き、静かに枝垂れの観桜もいいものです。

（2005・5・1）

◆高千穂さんの態度価値

高千穂正史さんが突然、心筋梗塞で亡くなりました。熊本市京町の浄土真宗本願寺派・仏厳寺前住職でラジオのパーソナリティーや新聞のエッセイストとしても活躍した熊本人でした。

とりわけ、私は、１９８０年代、ＲＫＫラジオの「オールトヨタ・ラジオカレンダー、あの日あの時」という番組で、何年も御一緒させていただき、人生の先輩としていろいろ物の見方、考え方を拝聴する機会が数多くありました。ある日の番組終了後の思い出……。

「キヨハラさーん、あーたは、態度価値て知っとんなはんな」（あなたは、態度価値という言葉の意味を知っていますか）

「態度価値」、はじめて聞く言葉でした。これは、高千穂正史さんの『続々愛語問答』というエッセイ集にも載っているのですが、『夜と霧』の著者として有名な精神科医フランクル博士の言葉だそうです。ある専門家はこの意味を「たとえば心の中に不安があっても、まず行為をして外形だけはととのえる。それが大切である」と説明しています。高千穂さんは、もう一歩進めて「まず、明るい態度をとる。すると心も自然に明るくなってくると考えたら」とおっしゃった。「そるが『態度価値』ですバイ。あーたが、朝の挨拶をするとき、60の声で〃おはようございます〃と言っているなら明日から80の声で言ってみたら……。人に会った時、65の笑顔示しているなら、今日から85の笑顔つくってごらんなさい。私も、そのことを意識して努力してきたつもりですバイ」。お経で磨かれたズーンと響く声で語ってもらったラジオ出演者控え室の光景が昨日のことように思い出されています。

高千穂さんが愛し、エッセイ集のタイトルにもなった言葉は「愛語」です。「愛語」とは、やさしくいうこと。愛情のこもったことば。やさしいことば。親しみのある心のこもったことばで話す。人びとに対してはやさいしいことばをかけよ、というお釈迦様の教えなのだそうです。

忽然と彼岸に旅立たれた高千穂和尚ですが、私の心に、あの人懐っこい笑顔と愛語の精神は生きています。

訃報切なく寂しいけれど「態度価値」が試されている昨日今日であります。　合掌

青い新人育成

（2005・7・1）

今、新人アナウンサーの育成にあたっています。教える側も一緒に学び育つという「師弟同行」を旨としています。しかし、教える側も学ぶ側も、それぞれ個性、性格、状況、局面があって、教えることに、金太郎飴みたいに同じようなパターンの方程式はないと思うこの頃です。

その新人教育の過程で、口を酸っぱくして何度も同じ注意をすることがあります。30年前の私の師匠の気持ちが今になって分かります。私の新人のときもそうだったのでしょう。つくづく「師弟同行は根気だ」と思います。

地名でも人名でも用語でも「疑問に思ったら、分からなかったら辞書を引け」と言われます。アナウンサーの大鉄則です。今年も新人教育の最初から、「辞書を引け」と言って来ました。ところが、実は、彼は、辞書派ではなくインターネット派なのです。

先日、上天草市・湯島沖の伝統のフカ狩りのニュースがありました。熊本ではサメのことをフカと言います。フカの湯引きは、酢味噌で食べるとおいしいものです。彼も、フカの湯引き、食したことがあるということで、そのニュースを担当した新人君は、はりきって下読みをしていました。ところが、どうも「シュモクザメ13頭捕獲」のくだりが、いまひとつギクシャクしてしまいます。

そこで、「シュモクザメはどういうサメか知っているか」と聞けば、困惑の表情です。彼は、すぐに「分かりません」「知りません」とは言いません。内容を知らなくても、どうにか答えようとします。そう、負けず嫌いな性格なのです。「分からなかったら、ハイ！　調べる！」

この状況で、彼の手は、辞書でなく、マウスにのびていました。早くその形状を知りたかったのでしょう。こちらは「辞書！」と喉元まで出かかったのでしたが……。新人君、ネット検索の早業を見せ、ニコっとして「分かりました！」という返事。

インターネットの写真をみて、丁字形のサメの形態が分かったのでしょう。「そうか、それでは、シュモクってなんだ」と問えば、今度は、奥歯噛み締め、答えに窮します。

ここで、すかさず「辞書！」。湯引きでなく字引きだ！

シュモクとは……撞木のことで、広辞苑には、「仏具のひとつ、鐘、鉦などを打ち鳴らす棒」とあります。ご丁寧に、丁字形のイラストまでついています。ところが、新人君、仏具の木魚を打つものと勘違いしたらしいので、今度は変化球。「シュモクザメは英語では何と言う」と外角低めをつけば、これまた、沈思黙考……。彼は、何とか答えたいのです。すぐに「分かりません」と言うのがシャクなのです。独力で答えたいのです。

「その根性やよし」

ここまで来れば、けなげに思えて来たりしますが、あくまで根競べです。

「辞書！」（英辞書を調べる時間）、待つのも根気が要ります。

「シュモクザメは英語ではハンマーヘッドシャークでした」

「撞木が英語ではハンマーでシャークだったろう」

金槌でなぐられたように目が宙に泳ぎましたか……ちょっとサメた表情でしたか……ともか

く、この撞木調べ騒動で、フカ狩りのニュースは、内容がフカまりました……。

しかし、いつまで「辞書！」と言うのでしょうか……。

世の中に知らない事柄は、沢山あります。知らない事が恥ではありません。知らない事をそのままにしておくことが恥なのです。

知らない事だからこそ、調べて知る行為が、アナウンスの奥行きを作ります。調べるだけではだめなのです。調べることを通じて知らない事を知る事が大切なのです。

調べて知る行為が知る喜びにつながることを早く知って欲しい……。

そのためには、まず「辞書！」異口同音……、30年前、師匠に言われたと同じ事を新人に伝えようとしている自分がいます。

なお、このフカ狩りの模様を取材した「週刊山崎くん」「～湯島・出会いふれあい旅～」は２０００年の放送文化基金賞テレビエンターテイメント番組賞を受賞しています。木村和也アナの勇姿がなつかしく思い出されます。

そうそう、新人君がロッソの沖縄同行取材から帰ったら、この作品を見せることにしましょう。

根競べの師弟同行は続きます。

青い新人、どうか暖かく見守ってください。

◆「桂介先生」

（2005・9・23）

選挙後、衆議院初登院の日、ある初当選議員が「おとうさん、おかあさんに言われました」とインタビューに答えていました。耳を疑いました。小中学生なら、「おとうさん、おかあさん」と言っても、全くおかしくありませんが……。

この国会議員のインタビューを聞いたとき、懐かしい高校の恩師の顔が浮かびました。その人は、中島桂介という体育の先生です。陸上競技が専門で、昭和30年に母黌陸上競技部をインターハイ全国優勝に導きました。卒業生からも現役からも、黌長からも「桂介さん」と慕われていました。体育館で全校集会が開かれるとき、場内がザワザワしていると、「少年たち、騒がしかぞ」の一言で、まさに水を打ったよう、しわぶきひとつせず全校生徒1650人がシーンと静まりかえるほどでした。

男子生徒を「少年」と呼び、女子生徒は「お嬢さん」。運動場の木片、石拾いは、材木、岩石拾い。カムチャツカを向けは、北方向、台湾向けは、南方向のこと。笠知衆にも似たまなざしと口調で、ユーモアあふれる指導でした。その中島先生から、入学早々に言われたこと。「あのな、もう高校生は大人にさしかかっとぞ。自分の親ば、おとうさん、おかあさんて言うと、笑わるるぞ。大人びた言い方なら、オヤジ、おふくろ。公的には、父、母て言わんと」

体育の先生というより、礼節礼儀、一般教養の教官のようでした。

「詰襟のホックのはずれとると、心のホックまではずるるぞ」「黄線の帽子は、ピシッと冠れ。

決して被るな。あくまでも正しく冠れ」

人としての振る舞い方、いろいろなこと教えていただきました。

インタビューに対し、「おとうさん、おかあさん」と答えていた初当選の国会議員には、私が母黌《ぼこう》で出会ったような先生がいなかったのでしょうか……。

母黌の三綱領のひとつに「廉恥を重んじ元気を振るう」とあります。廉恥とは、心が清らかで恥を知る心のあることとです。

「少年、恥を知れ、見苦しかぞ」。恩師の口癖が思い出され、胸に響いています。


（2005・9・28）

◆髭剃りに思う

昨日のこと、朝から髭剃りで顔をあたっているときにあごのところをザクッとやってしまいました。この口の周りは、毛細血管がいっぱいのところですので、傷は浅くとも、血が吹き出てきます。なんとも、救急絆創膏で止血するとカッコ悪いこと……。

チカッとしたときに、いつも「アッしまった」と思うのですが、時すでに遅しです。だったら、電気カミソリにしたらと、よく言われますが、私は、けごいかっです。熊本では、毛の濃いことを「けごいか」と言います。漢字で書けば、「毛濃いか」ってです。「けごいか」ですので、朝は、カートリッジ式の丁字形剃刀を使っています。以前は、一枚刃でしたが、この業界も日進月歩です。二枚刃が登場したら、三枚刃、そして、今は四枚刃も開発されています。

この前、その四枚刃を買いました。なかなか剃り心地がいいのですが、スイスイスイと調子良く剃っているときに限って「アッしまった」という状態になってしまいます。不器用といえばそれまでなのですが……。

しかし、こうして、時に出血大サービスでツルツルに剃りあげて出社しても、夕方になると、あごのあたり、もう、ザラザラしてきます。いわゆるFIVE O'CLOCK SHADOW＝五時の影です。このときは、シェービングクリームつけて丁字形剃刀で剃るわけにもいかず、デスクにしのばせている電気カミソリの登場となります。

まあ、なんと面倒なこと。なんで、こんなに、顔の下の部分は、ぐんぐん伸びるのに、頭のてっぺんは生えないのでしょう。

計ってみると、モミアゲのところから頭の頂上まで紙一重とは言いませんが、たった20センチくらいの距離なのに……。ホルモンの違いと言われていますが、どうも得心がいきません。

髪のことは神のみぞ知るか……。

卑下しないで、また明日の朝も、細心の注意を払って髭剃ることにいたしましょう。

（2005・10・12）

◆いわさき千鶴絵画と絵付けの器展

世の中、季節は、食欲の秋、スポーツの秋とともに、芸術の秋、美術の秋でもあります。

今日から鶴屋百貨店で始まった、熊本在住の画家、いわさき千鶴さんの絵画と絵付けの器

展に行って来ました。

天草郡五和町出身の、いわさき千鶴さんは、水彩画を多く手がける画家で、最近は、潮谷熊本県知事夫妻が執筆した絵本『こころのメモリー』の挿画も描いています。

また、この6月に発行された、日本郵政公社の「ふるさと切手・九州の花と風景」の原画制作も担当しました。今回の「いわさき千鶴絵画と絵付けの器展」会場の鶴屋本館8階美術ギャラリーには、水彩画40点と天草陶磁器に絵付けした食器60点が展示されています。

いわさき千鶴さんによると、天草陶石を１００%使った白磁器を「生活雑器」として長く愛着を持って使って欲しいと、白磁の「白」に食材が映えるように絵付けをしたということです。小さな箸置きからそば猪口、二尺大皿まで、たのしい絵柄が躍っていました。

また、絵画は、水彩が主ですが、２００６年のカレンダー「阿蘇の四季」の原画、1月から12月までの12作品が並んでいます。

雪の阿蘇もよければ、初夏放牧の原野も、紅葉の阿蘇も迫力の筆致で描かれています。中でも、長く足が止まったのは、4月の「一心行の大桜」でした。「日本では、絵画と言えば、油絵が主流と思われ勝ちですが、ヨーロッパでは、水彩画が高く評価されています。水彩の良さを皆さんにもっと知ってもらいたい」と語るいわさき千鶴さん。

4月の「一心行の大桜」の桜色の水彩のタッチには、春の息吹があふれ、いわさきさんの水彩にかける気迫が、描かれた桜全体に篭っているように感じられました。

食欲の秋、食べての元気、スポーツの秋、からだ動かしての元気もありましょうが、目が喜んでの元気もあるんですね。

きょうは、絵画と器を拝見して、元気をいただいた一日でした。

◆すっぽん屋井寺さんの変わりバンコ

（2005・10・25）


先日、山鹿のすっぽん料理店で知り合いの会合に参加しました。そこのすっぽん料理店は、何回か訪れているのですが、ご主人の井寺登さんは、すっぽんの養殖、料理店の経営のかたわら、木工細工が趣味です。

いや、木工細工は趣味の域を越えていて、3階の宴会場に向かう、1階、2階は、大小の作品の倉庫、いや宝庫になっています。一枚板の木の形状に合わせた長いS字形のテーブルや机、椅子、調度をはじめ、木の根っこをそのまま活かした飾り物、それに、子供が喜ぶ木工玩具……。ありとあらゆる木の製品が置かれています。すべて井寺さんの製作です。

3階の宴会場に上がっていく前に、ここが、すっぽん料理店ということを忘れてしまいそうな光景に出くわします。そして、その3階の宴会場も、すべて木作り、ウッディなしつらえです。今回は、その宴会場の床に、以前訪れたときにはなかった、長さ約3㍍、幅2㍍弱の座りテーブルがさりげなく置いてありました。

古材をうまく組み合わせて、卓上表面はいわゆる寄木細工になっている見事な出来映えの一品です。会合に参加した人たちも、異口同音、「すばらしいテーブルだ」と言っていました。ところが、宴会の準備にやってきた井寺さんは「そらあ、バンコです。座ってください」。

一同「ええー、バンコ？」。

バンコって、いわゆるポルトガル語のＢＡＮＫＯから転じて日本語になったバンコ＝縁台、床机、腰掛の、あのバンコなのだそうです。

１００年の古材を使ってくらしの工芸展に出品した力作なのだそうです。そして、ニコニコ笑顔で、井寺さん自身が、腰掛けてみせるのです。こちらは、どうしても「座りテーブル」と思っているものですから、そんな見事な寄木細工の卓上に座らないで欲しいという感情になってしまいました。どう見ても座卓であり、バンコとして尻に敷くのにはもったいない。かわいそう……。

すっぽん雑炊も食して宴もたけなわの頃、思い切って、井寺さんに切り出しました。「我が家で、座卓として使っていいですか」と、そうしたら、その夜は、ことのほか製作者は御機嫌が良かったのでしょう。

「よかですよ」

原価で譲ってもらえることになり、こころ躍る一夜になりました。

１００年の古材が、井寺さんの熟練の技でよみがえり、バンコだったものが、座卓、和室のテーブルになる……。これこそ変わりバンコでしょうか？

◆岩下君の言わした……ダジャレFAX（2005・12・1）

みなさんから、番組に、いろいろと感想、御意見を頂戴いたします。有難い御指摘や、忠告、時にはお褒めの言葉をいただいたりですが……。

先週の「週刊山崎くん」は、「そばとうどん」の特集でした。私もリポーターのひとりとして出演しました。

その「山崎くん」をご覧の方からＦＡＸが届きました。昨日の「山崎くん」を見て、仕返しのダジャレを作ったとあります……。

ＲＫＫ　だじゃれのおっさん清原君へ

その１
ＲＫＫに辞表を出しなさい。
君には向かない放送局だ！
転職して、「無い毛・毛」に行きなさい。
（有る毛・毛は、昔のこと……）

その２
オートバイ通勤は、やめなさい！
毛が減るメット……。

その3
「週刊山崎くん」の「うどん編」は、君にピッタリだった。
食べ方が良い。
つるつる……。

まあ、なんとも……。世の中には、語感のシャープな方もおいでだなと感心して拝読した次第でしたが、差出人の署名が、大津出身のヤクザイシとありました。大津のヤクザな医師など思い当たらないなと、首をかしげてＦＡＸ用紙の一番上を見ると小さく大津Ｉ薬局の印字が確認されるではありませんか。

これなら、思い当たるのです。大津のヤクザイシ、薬・剤・師！

なんと高校の同級生のＩ君ではありませんか。ＦＡＸを私の手元に届けたスタッフが、クスクス笑っています。

「キヨハラさんのダジャレのルーツが分かりました。こんな同級生の存在が、コンニチのキヨハラ流を形作っているわけですね」

へんなところで、へんな感心のされ方してしまいましたが、これだけは言っておきます。

高校時代、Ｉ君とダジャレ合戦展開したことなど「毛頭」ありません！

今日は、この辺で……。

◆浅田次郎氏の「はげみになる話」に反論す

（2005・12・2）

航空会社の機内月刊誌の11月号に、作家の浅田次郎さんの「はげみになる話」と題する自身の頭髪に関する随筆が載っていました。

私も、自分の頭髪には、人一倍関心があり吸い寄せられるようにページをめくりました。その書き出しに「近ごろ鏡を見るたびにハゲがサマになってきたな、と思う」とあります。それを受けて、「けっしてハゲ惜しみでなく、しんそこそう思うのである。かつては、顔は若いのに頭がハゲているという不調和が許し難く、強いコンプレックスを抱いていた。つまり、人より早く老けた頭に顔が遅ればせながらついてきて、ついに調和したのである」と続きます……。

この人の文章のうまさは、今に始まったことではなく、『鉄道員』しかり、『壬生義士伝』しかり、『蒼穹の昴』しかりでありますが、ハゲ方もうまい、らしい。

「私のハゲは、ハゲ始めからけっこう格好がよかった。両側進行型という理想のハゲである」。なあるほど……。ちなみに、そのほかの型を分類しています。前方後退型と後方後退型があるそうです。さしずめ、私の型は、「後方後退型」でしょう。

浅田さん曰く、後方後退型、いわゆる「ザビエルハゲ」の場合は、カムフラージュこそ容易であるが、他人の視線にいつも脅えていなければならず、また目立たぬ分だけ見つかったときは恥ずかしい、と解説しています。

しかし、であります。両側進行型の浅田さんとあまり歳の違わないザビエル派の私から言わせていただければ、近ごろ、このザビエル派・後方後退型も、自分で手鏡に照らして見る限り、（両側進行型や前方後退型のようにひとつの鏡では、観察できない訳ですが……）歳とともに、ザビエル様に近づいてサマになってきたようで、まんざらでもありません。カムフラージュすることもなく、他人の視線にも脅えることなく暮らしております。浅田さんは、この随筆で「顔が老けたことによって、ハゲは主体としての主張をやめ、ついに私の人格に調和した」と結論づけていますが、ザビエル型の私の場合は、少し違うようです。「背中が、哀愁を帯びてきたため、ハゲが主体としての主張をやめ、ついに私の人生の背後関係に調和してきた」ようであります。浅田さんの随筆にハゲまされ、ハゲ次郎、いやハゲ持論を展開してみました……。

（2006・1・9）

◆成人の日に思う

きょうは成人の日です。

私達のころは1月15日が成人の日でしたので、祝日の日付が毎年変わると、どうも今一つピンと来ませんが、今年、熊本県内でも2万３４０３人が新成人として大人の仲間入りをしました。おめでとうございます。

ところで、檜室アナウンサーが、昨日の「アナ日記」に書いていましたが、「大人だからしなきゃいけないこと。大人だからしちゃいけないこと」って成人になると、すぐさまイヤでも突きつけられる問題ですよね。そして檜室アナウンサーは、昨日の日記を、以下のように結んでいます。「自分で考えて、決断して、責任を持ちましょう。しかし、そんなことばは、今の世の中虚しく響きます」。そう、きょうも騒然となった成人式がありました。まったく……。「教育の力」はどこに行ってしまったのでしょうか……。こちらも、つくづく考えさせられることが、この正月にありました。それは、去年知り合った社会人一年生の23歳の青年から届いた年賀状に端を発します。

賀状の文面には、「去年、一年大変お世話になりました。今年はより一層の精進をしていきます。今後ともお願いします。」（原文のまま）こう書いてありました。

そうなのです。「明けましておめでとうございます」などの賀詞が書いてなかったのです。何かの間違いで、私ひとりに賀詞を書き忘れたのだろうと思いながらも、よもや……。

恐る恐る本人に連絡して事情を聞いてみました。そうしたら、この青年いわく、「大学生だった去年までは、市販の印刷された年賀状を出していたが、社会人一年目で、気合をいれて全ての年賀状を手書きで作成した。しかし賀詞を入れるなど年賀状の書き方にルールのあることを知らず、そのまま投函した」という言葉が返ってきました。

愕然としました。この青年個人の無知さ加減を責めようと思えばいくらでも責められますが、事は、それで収まるわけではなさそうです。

23歳になるまで、誰も、年賀状の書き方を教えていなかったことになります。大人になるための躾、基礎を固められずに世間に出た人の悲劇がここにあります。本人には、インターネット検索でも「年賀状の書き方」は、載っているよと諭しましたが……。「教育の力」はどこに行ったのでしょう。

これまた、この正月、東京の人材育成研究所主宰の知人から届いた新年挨拶の文面には、〝教育の大切さ〟とりわけ〝子供時代や若い時期にどのようなモデルを見ながら育つのか〟これが最も影響する。良い教育を受けることが出来ない（＝よいモデルを見ることなく育つ）ということは、〝多くのムダや大きな迷い、それに伴う苦痛〟などを経験することになる。もちろん、そのような経験があってこそ、成長できるという側面も、また真実だが、しかしながら、良い教育を受ける（＝よいモデルを見ながら育つ）ことが出来れば、そのようなムダや迷いや苦痛を軽減できる確立が上がるということも、また真実では……と、したためてありました。

自分を通じて、いかによきモデルを見せていくか……。教育現場ばかりでなく、社会を構成するの成年それぞれに課せられたものかもしれません。

いまから35年前、成人式を迎えた者の本日の感懐です。

（2006・2・7）

◆体操フォーラム

この前、2月4日に、熊本市、熊本市教育委員会主催のスポーツ講演会・トークショーの司会を担当させてもらいました。

講師、およびトークショーのゲストは、全日本社会人体操競技連盟選抜強化合宿で熊本を訪れた、塚原光男理事長、塚原直也、米田功、水鳥寿思、中野大輔、桑原俊、中瀬卓也の6人の選手たちです。

塚原光男さんは、あのツカハラ跳び、月面宙返りの考案者で、メキシコ、ミュンヘン、モントリオール五輪の3大会男子団体総合金メダルのメンバーで、ミュンヘン、モントリオールでは、鉄棒で金、そのほかのメダルも合わせると、9個のメダル獲得者です。その息子、直也選手も、アテネ五輪で28年ぶりの男子団体総合金メダルに輝き、日本五輪史上初の「親子2代の金メダリスト」となったことは記憶に新しいところです。

東京出身で江戸弁立て板に水の塚原光男さんの「体操ニッポン復活の軌跡」の講演のあと、トークショーに移りました。当初、事務当局との事前の打ち合わせの段階で、塚原光男さんを交え6人の選手、大勢のトークショー、いろいろ司会も担当してきた私も、果たして収拾がつくのか一抹の不安もありました。しかし、それは杞憂《きゆう》でした。

塚原直也選手をはじめアテネ五輪金メダリストの米田、水鳥、中野選手に加え、熊本出身の桑原選手、若手のホープの中瀬選手が、それぞれ興味深い話を次々に披露してくれました。講師、選手のスケジュールが混んでいて合宿練習のあと急ぎ会場に駆けつける状態で、ほとんど打ち合わせが出来ず、文字通り、ぶっつけ本番の状態でしたが、それぞれ話の組み立てがうまく、6人の選手の話にはダブリがなく、ユーモアたっぷりで会場の笑いを誘う場面が、数多くありました。特に、直也選手に思い出の試合を聞いた時のこと……。

アテネ五輪の最初の演技「床運動」に臨むとき、子供のころ歯医者で失神したときと同じ緊張感が襲って来て失神しそうになったと話し出しました。すると、すかさず、父親の光男さんが、「チームリーダーとして、同じ会場で、床の演技に入る息子を、さすが我が子落ち着いているなと思って見ていた」と混ぜっ返します。

親子漫才みたいな展開に、こちらも思わず、「歯医者で失神した人が、アテネで失神せず、敗者じゃなく勝者になって良かったですね」とチャチャ入れてしまいましたが……。

体操界の長嶋茂雄さんと形容したくなるような底抜けに明るい塚原光男さんと、20歳台の選手なのに、体操競技の表現ばかりでなく言葉による自己表現にも長けている若者6人とのトークショーは、あっと言う間に所定の時間になっていました。

相会うに何ぞかつての相識るおや……。

人と人との出会いは、過去に何回会ったという回数で深まるものでもありません。電光石火、電流が走るような一度の出会いもあるものです。

一つの道を極めた人の「オーラ」と、ひたむきに北京を目指す若者の意気込みに接して、こころが屈伸運動したみたいな、気持ちがほのぼのとなった一日でした。

◆先輩ディレクター玉木さんとの思い出

（2006・3・16）


アナウンサー生活30年、いろいろな方に育まれて来ました。

そのうちのひとり、平成7年に定年退社した、RKKの先輩ディレクターで、私が勝手に「玉木のおやじさん」と慕っている玉木喜八郎さんから、つい先日、冊子小包で俳句同人誌が届きました。定年後始めた俳句の、同人誌から俳人鑑に取り上げられたとのこと。

御本人いわく、「俳人なんておこがましくて……」と言ったら、主宰に「俳人は単なる記号」と言われたそうですが、入門から満5年での俳人鑑の取り上げは、最短記録だそうです。在職中、ラジオ番組でお世話になった大先輩ですが、番組の前説（前語り）の原稿を書く際にも一字一句にこだわりをもち、推敲を怠らず文章をとことん削り込んで磨いていく人で、定年後の「言葉に対しての発露」が俳句だったのかと同人誌の一句一句を噛み締めました。その中で、とりわけ「自分史の瑕疵《かし》へ檸檬をしぼりきる」に、目が留まりました。

この五七五が、こちらの心にも響いて、新人アナを「憲兄ちゃん」と呼んでおやじさんが育ててくれた頃の、青いレモンを齧って目にしみたような思い出がよみがえって来ました……。

玉木のおやじさんは、やせて小柄ですが、ひとたび、腕まくりしてキューを振ると別人のように大きく見えました。放送原稿で苦吟するとき、決まって「エーット、エーット」と言いながら、動物園の熊みたいに行ったり来たりしていました。編集機器に向かうと、背中がとてつもなくでっかく、頼もしさが存在しました。恐れはないけど畏れるひとでした。

「なんで出来ないんだ馬鹿野郎！」なんて一度も言われたことはありません。ある日、30分番組の録音で、何度もひっかかり不調で、どうにかこうにか終えた時、スタジオから出てきた私に、「お疲れ……。ところで憲兄イ、明日、暇？」って聞かれました。「ええ、明日はお休みです」と答える声にかぶさるように、「そうか、それじゃ、今日の録音、明日とり直そう」。涙が止まらないくらいくやしくて……。涙が止まってからも、あったかい思い遣りが身にしみた夜……。「深夜に飲むビールは、うんと、うんと冷えてた方がいい。人生の悲しみも、憂いも、何もかも、グラスに注いで飲み干してしまおう。深夜に飲むビールは、うんと、うんと冷えてた方がいい」。おやじさんに書いてもらったあの日の原稿を今も覚えています。

定年退職のパーティの席上「これからも夢さがしです」と語った玉木のおやじさん。同人誌に載った俳句の向こうに、古希を迎える今年も「夢さがし」している姿が目に浮かび、急に会いたくなりました。

今も、言葉削り込む時、「エーット、エーット」と言っているのでしょうか……。

今度、久しぶりに、好物でも持参して、俳句の妙味を伺うことにしましょう。


（2006・3・17）

◆「与える」に思う

言葉を大切に使う最前線にいて、最近、またまた気になる言葉遣いが増えています。

その一つに「与える」があります。年齢の若い中学、高校のスポーツ選手がインタビューに答えて、よく使う言葉です。応援の皆さんに「夢と希望を与えるようがんばります」とか、明日の試合で「勇気と感動を与えるようなプレーをします」とか、よく耳にします。

そもそも「与える」とは、相手の望みなどに対応するような物事をしてやる意味があります。自分の物を、目下の相手にやったり、授けたり、相手に、影響や効果などをこうむらせたり、相手に、便宜などをほどこしたり、仕事や課題をあてがったりする意味が含まれています。

つまり、「与える」とは、関係の上位者が、下位にある者に何かを、やり、授け、こうむらせ、ほどこし、あてがうという行為を指す言葉なのです。ですから、年端の行かない人から、おじさんは言われたくない言葉なのです。

夢と希望は、そちらから与えてもらうものではなく、こちら側がスポーツを通じて抱くものでしょうし、勇気と感動もプレーしている選手から与えてもらうのもではなく実際のプレーを見て、こちら側が感じる心の動きでしょう。

もちろん、サッカー部の先輩から、後輩の私に、「老骨に鞭打ってがんばる姿を見せてお前に感動を与えてやるぞ」と言われたら、「はい、ありがとうございます。」と答えるでしょうが……。

日本語は、むずかしいのではなく、成り立ち、歴史、意味を知れば知るほど奥行きのある味わいのある言語です。

この前読んだ、石川九楊さんの『縦に書け！』という本にも、「日本」とは「日本語」のことであると強調してありました。

また、藤原正彦さんの『祖国とは国語』という本には、「国家の浮沈は小学校の国語にかかっている。国語はすべての知的活動の基礎である」と書かれていました。

与えられる情報より、日本語に誇りを持ち、本来の意味を自ら調べる行為で、言葉を豊かにしていけば、日々の生活も、もっと潤いあるものになると思っています。

◆スイバ・スカンポⅠ

（2006・4・28）

朝、白川の土手を散歩するにも、気持ちのいい季節になってきました。遠くの金峰山はじめ山々も、まさに「山笑う」状態ですが、土手の草花も、3月の土筆《つくし》が顔出す頃と違って、にぎやかです。その中でも、今一番、自己主張しているのは、スカンポです。本当の和名はスイバですが、北原白秋の「スカンポの咲く頃」で、すっかりスカンポが有名になりました。

スイバは、タデ科ギシギシ属の多年草ですが、同じ属のギシギシよりスマートで、花穂が鮮やかです。この季節、淡緑色、緑紫色の花が円錐上に集まって咲きます。そして、そのあと果実は、赤色を帯びた3枚の丸いガクに包まれます。

そのスイバ、別名「スカンポ」を、北原白秋は、「スカンポの咲く頃」の詩で「土手のスカンポ、ジャワ更紗《さらさ》」と形容しています。ジャワ更紗は、茶色を基調にしたジャワ特産の更紗のことですが、朝、散歩の途中、土手の道々、風にそよぐスカンポを見れば、つくづく、白秋が表現したとおり、ジャワ更紗によく似ているなと思います。

そんなとき、ついつい「土手のスカンポ、ジャワサラサ、昼は蛍がねんねする」とあのメロディーが口をついて出てきます。スカンポをジャワ更紗と思い浮かべ、形容した白秋の詩作の心に脱帽です。

土手に咲くスカンポを見て、ジャワ更紗と結びつけることができる感性を、白秋という先人は持っていました。白秋は、心の土壌を耕す名人だったのでしょう。

今年もまた、アナウンサー新人教育の真っ只中です。育つ土壌のないところにはスカンポも自生しません。土壌のない知識はすぐに枯れるでしょう。どうしたら「柚子湯」や「菖蒲湯」の経験のない世代に、土壌となる感受性、言葉を紡いでいく力を、教え育くむことが出来るのか……。研修にゴールデンウィークはありません。散歩しながら、白秋がジャワ更紗と喩えた色づくスカンポに励まされています。

話はそれるのですが、ヨーロッパでは、スカンポは、「ソレル」という香草で、ラテン語で「サラダにする」という意味もあるそうです。かつて、スイバを齧っていた記憶をお持ちの方も多いことでしょう。明日あたり、子供のころに帰って、食してみますか……。

うっ！

話がソレルついでに、新たな憂いが……。

もしかして、「柚子湯」や「菖蒲湯」の経験のない世代は、スカンポも知らないのかも。

（2006・5・12）

◆スイバ・スカンポⅡ

スカンポの話題パートⅡ

4月28日の「アナウンサー日記」はスカンポの話題でした。

その日記の最後に、「もしかして、柚子湯や菖蒲湯の経験のない世代は、スカンポも知らないのかも」と書きました。

案の定でした……。

2年目を迎えた若手も、研修中の新人も、期せずして行動が一致しました。小生のこの日の日記を読んだあと、時間は前後しますが、二人とも、インターネットに走ったのです。インターネットで「スカンポ」を検索すると「スイバ」が出ます。「スイバ」をクリックすると、見事にスカンポの写真がいくつも出てきます。机向かい合わせの二人のパソコンには、示し合せたように同じ画像がありました。

新人研修では、すぐにインターネットに手を伸ばすなと指導しています。掲載されている写真で形状は理解しても、意味が分からない場合が多いのです。「必ず辞書を引け」と指導しているにもかかわらず、彼らは、ここで安心したのか、百科事典を繰った形跡などは、全くありませんでした。

熊本には、熊本日日新聞社が出している『くまもと自然大百科』もあります。報道部の書架にも備えています。その73ページには、「スイバ」が載っています。そこを引いて新たに分かったことは、「方言ではスイバをギシギシといい、ギシギシはウマノギシギシと言う」のだそうです。

新らしい知識との出会い。辞書を引く喜びを早く知って欲しいと思います。

今日のこと、2年目の若手に「インターネットで調べた形状のもの＝スカンポを、確かめておけよと言ったけど、実際に目にしたか」と問えば「いえ、まだです……」。

あれから10日以上経っていますが、通勤の道々での気づきはないのでしょうか。ＲＫＫ旗高校野球が開催された藤崎台球場周辺をはじめ、熊本市内のあちこちで見られるスカンポを見逃しているわけで、何をか言わんやです。辞書を引いてそのままにせず、実証することも、アナウンサーには要求されます。

そうこうしているうちに、今年も、もうすぐスカンポは枯れていくのです。

どうか、皆さんも、この時期、スカンポに触れてみてください。北原白秋が、スカンポをジャワ更紗に喩えた「スカンポの咲くころ」の詩のとおり、まさに「昼は蛍が寝んねする」ように、スカンポの花穂は、やさしく、やわらかです。

うっ、柚子湯や菖蒲湯の経験のない世代は、もしかして「ジャワ更紗」も知らないのかも。

（2006・8・11）

◆「おもしろい！」考

私の周囲で、何事にも「おもしろい！」を連発する若者が増えています。

冗談に反応するときも、めずらしい映像見たときも、奇抜なファッションに対しても、興味を示す事柄すべて「おもしろい！」で表現してしまいます。いや、「おもしろい！」という言葉だけで表現を片付けてしまうのです。

具体的に、どう「おもしろい」のかと一歩踏み込んで聞くと、語彙が不足して、もどかしいのか、身振り手振りを加えながらも、結局、「おもしろい！」の域を出ないで、会話が尻切れトンボになってしまいます。

「おもしろい！」など、こういう言葉を「若者言葉」と言うのでしょうか。超○○。めっちゃ○○。フツー（普通）。ビミョー（微妙）。ベツニイ（別に）……。

物事を、どう、具体的に、感じているのか、捉えているのか、その心情が見えてきません。言葉が、私たちの国の言語、日本語が、枯れてやせ細って来ているようです。そんな折、航空会社の機内誌で、浅田次郎さんのエッセーを読みました。

筆者は、パリからの旅で、ひとり冬のモン・サン・ミシェルを訪れます。そう、あの世界遺産、干潟の海のただなかにそそり立つ中世の修道院です。

ヴィクトル・ユーゴーが「聖堂のティアラを冠り城砦の鎧をまとった」と表現したモン・サン・ミシェルが、地平線に姿を現した。折よく道路脇に駐車場があったので、この遠景をじっくり楽しむことにした。外は湿原も凍る氷点下であるから、車から降りる気にはなれなかった。と、ほどなく二台の大型観光バスが駐車場にすべりこんできた。どうやらここは、モン・サン・ミシェルのヴューポイントであるらしい。

「キャー、かわいい！」という嬌声の連呼が耳に飛び込んで、私は唖然とした。バスから溢れ出た百人の観光客は、全員日本人ではないか。しかも、そのほとんどは、すべての感動を「かわいい」としか言い表すことのできぬ、世界一優雅で世界一空疎な若者たちであった……。

このあと、筆者は、彼らとともにモン・サン・ミシェルに入り、その一千年の「かわいい」

感動を共有するはめになるのですが……。

「世界一優雅で世界一空疎な若者」。……なんとも言い得て妙の浅田さんらしい表現です。こんな一文読んでも、若者たちは、手首のスナップ効かせて手を叩きつつ「おもしろい！」と言うのでしょうか……。それとも、ビミョー？

◆自転車の右側通行に怒る！

（2006・9・19）

先週14日の熊日の夕刊「ハイ！こちら編集局」に、「危ない自転車右側通行」という見出しで宇城市の主婦の意見が載っていました。

確かに、最近、自転車左側通行のルールを無視して、右側を平気で通行する自転車が多くなっています。

バイク通勤の私も、自転車の右側通行でヒヤリとする場面によく遭遇します。この前の土曜日、2度あることは3度あるのことわざ通り、一日に3度も、右側通行自転車に閉口させられました。

最初は、昼下がりのことでした。高校生の集団下校？　普通、集団下校は、小学生がするものでしょうが、高校生が自転車で一塊になって右側を、前方から突進してくるではありませんか。しかも女子生徒です。

こちら左側行くバイクのおじさんは、思わず叫んでいました。「こらあ、右側も左側も分からんのか！」。しかし、多勢に無勢、女子生徒の銀輪軍団は、無言のまま、徐行する私のバイクの脇をすり抜けて行きました。

2度目は、「止まれ」の標識のあるところで、我がバイクは左折しようと一旦停止、左見て、右見て、右側から来る車をケアしながら、トロトロと左に折れようと進み始めた矢先、バイク左サイドのブラインドの歩道からぬっと来た右側通行の若者の自転車がトーンとバイク前輪に当たりました。まさか歩道から自転車が来るとは……。

こちらも出はなだったし、自転車もブレーキかけましたので軽い接触で事無きを得ました。「右側行ったらダメだろう」。その言葉を背中で聞きながら、しれーと自転車の若者は、また右側を行くのでした。「うむ、今日は危ない日だ」。そう思いながら、夜になって白川橋のたもと石塘に差し掛かったところ、2度あることの3度目が待っていました。石塘から、二本木方面に向かう我がバイクに向かって、若い女性の自転車が、信号待ちの車と車の間から突然あらわれ、右側通行で突進してくるではありませんか。しかも、無灯火。

「おいおいおい」思わず、野口みずき選手を指導する藤田信之監督のような甲高い声が出ていました。「右側行ったらだめでしょう」。そうしたら、するりとバイクをよけた自転車から、すれ違いざま声がして、「ここは、右側行ってもいいんでーす」。ブレーキかけて振りむけば、30㍍向こうには、白川右岸の遊歩道がありますが、すれ違ったのは、白川橋のたもとです。れっきとした公道です。「お若けえのお待ちなせえ」。歌舞伎では、こんなセリフになるところでしょうが、若い女性の自転車は、下り坂、スピードをあげて、遊歩道に消えました。

これが、まさに2度あることは3度あるの実態であります。

まったく、交通ルールは、自転車には通用しないのでしょうか。あさって21日から、秋の交通安全運動が始まりますが、運動の重点に、夕暮れ時の歩行中と自転車乗用中の交通事故防止が掲げられています。

お互い注意しましょう。

（2006・9・22）

◆関島秀樹さんライブに思う

昨夜、熊本市内で開催された、関島秀樹さんのライブに出かけました。

ご存知のとおり、ばってん荒川さん、島津亜矢さん歌う「帰らんちゃよか」の作詞作曲者。荒尾出身のシンガーソングライターです。

今回は、「拝啓元気です」と「やさしさをありがとう」、二枚のCDアルバム同時発売を記念しての県内ライブツアーでの来熊。その初日でした。この人の歌声を聞くと、決まって元気になるから不思議です。人と人のお付き合いは、何で濃くなっていくのか、はたまた疎遠になっていくのか、不可思議で謎めいたところがあります。

「相逢うに何ぞ嘗ての相識るをや」。中国の言葉です。「よく見知って、それまで何回会ったかなど〝真の出会い〟には関係のないことですよ」というような意味ですが、関島さんとの出会いは、まさにその通りだったのです。

関島さんとは、12年前、私が担当していたラジオのリクエスト番組にゲスト出演してもらっ

たのが初めての顔合わせでした。

その時、「人間関島のやさしさ」を電光の如くに感じたのでした。爾来、人生の元気をもらっています。

関島さんは、障害を持つ人たちとも多くの交流があります。昨夜のライブハウス、偶然座った隣の席も、手が不自由な人でした。その人が、隣の私に、実に見事に「足の指」を使って、関島さんのアルバム「やさしさをありがとう」のライナー（解説・歌詞付きジャケット）のページをめくり、足指さしてくれました。作詞・倉田哲也と書いてあります。聞けば、自分が作詞したということを嬉しそうに話してくれました。

アルバムの収録の2曲目「だから二人で」。

その曲を披露する関島さんの前語りで「だから二人で」誕生のいきさつが分かりました。

「重度の障害を持つ倉田哲也君は、人の10倍努力して2年かけて、足で運転する自動車免許を取りました。その前向きな彼にお嫁さんが来たのです。カワイイ小学校の先生です。そのことを詩にしてくれました。その詩に曲をつけたのが、この『だから二人で』です」。

人は生きてるとつらいことばかり
希望を失いなげき涙する
だけどいつか愛することを知り
生きる喜びを見つける……

常々「人のやさしさを歌い続けたい」と語る関島さんに、また一つ「人のやさしさを歌う歌」が加わりました。

関島秀樹、この人の、飾らない、包み込むようなやさしさはどこからきているのか……。午後10時過ぎまで熱唱が続きました。心のマッサージを受けたようで、帰り道、こちらまでやさしい気持ちになっていました。

荒尾に実家がありながら、滋賀県在住の関島さん……。ある意味「フーテンの寅さん」みたいなところがあって、予告もなく、ふらっと、人なつっこい笑顔で、ギター片手にＲＫＫを訪れたりします。

昨夜は、ライブが終わった後、じっくり話すことも出来なかったので、この次の、彼とのふらっとした出会いを楽しみにしています。県内ライブツアーは29日の人吉まで続きます。

（２００６・10・30）

◆ばってん荒川さん逝く

ばってん荒川さんが亡くなって一週間たちました。

今夜、ＲＫＫラジオ「ばってん荒川ぴら〜っと登場」は最終回の放送でした。

元気でいらっしゃる時から存在感の大きい方でしたが、亡くなってさらに分かる偉大な実力

です。

すでにこの「アナ日記」に、アナウンサー諸兄諸姉も荒川さんの思い出書いていますが、私も、よく可愛がっていただきました。

新人の頃から、いつも声をかけてもらいました。「がんばりよんね」。スタジオの控え室、通路などで挨拶すると角刈りの荒川さんはとても男らしく、舞台のお米ばあさんとのギャップに驚くばかりでした。

若い頃は、こちらがスポーツの仕事が多かったせいか、なかなかお祭りの舞台、ラジオの公開録音などの司会でご一緒する機会はありませんでした。

それが、いつのころからでしょうか、段々、司会の声がかかるようになりました。

「あたも舞台の司会ばしてみらんな。そうにゃ勉強になるばい」

そうそう、舞台マナーの教えは、いくつもあります。その中のひとつ……。

ラジオ公開録音では、よくあるシーンですが……。

一曲終わって舞台中央でのインタビューの時、荒川さんにファンから花束が贈られます。荒川さん、左手にマイク、右手に花束の状態です。

「うわあ、うれしか！　こん花束はいくらだろか」という話の流れから、司会者は、タイミングを見計らって、次の曲のタイトルを紹介しなければなりません。「そん時『花束は司会者がお預かりしましょう』など無粋なことは言わんでよかよ……」

この時、荒川さんは、花束を大事に抱いたままなのです。拍手をいただきながら、次の曲を紹介し、司会者の私は下手舞台袖に一旦引きます。「曲振り＝曲紹介」のこの段階で花束を司会者が受け取ったら無礼だというのです。前奏が流れ、スポットライトが荒川さんに当たる時、荒川さんは、実に見事にプレゼントされた花束を右手一本で自分の背中に隠します。歌い始め前の決めのポーズ。その一瞬のタイミングで、司会者が黒子となって花束を素早く受け取りに行くのです。

別に「あぎゃんせなんばい、こぎゃんせなんばい」の強制のアドバイスはなく、こちらも自然に身についた所作となりました。一瞬のうちに花束を背中に隠して、受け渡す……。あれは、気配り心配りあふれる荒川さんならではの名人芸でした。

こんなこともありました……。

ラジオ公開録音のリハーサルでは、いつも荒川さん、歌の音合わせが終わると、楽屋控え室で、甘いもの食べて煙草吸ってご休憩です。しかし、天明コミュニティーセンター柿《こけら》落《お》としの時でした。すっかり、荒川さん休憩中と思い、こちらステージ上で郷土芸能太鼓出演の皆さんと進行の確認、インタビューのリハーサルを行っていました。

太鼓踊りの年配の女性が、司会者の私に「あた、どっかで見たこつのある」と言いました。こちらも「そぎゃんでしょう。あたしゃ、ばってん荒川の弟ですたい」とちゃちゃを入れました。「そういえばよう似とらす」と太鼓踊りの年配の女性。「ただね、兄のばってん荒川より、弟のあたしのほうが、ちいっと足の長かっよ！」。ステージ上、太鼓踊りの皆さんの爆笑を誘ったそのとき、まだ、お客の入っていない真っ暗な客席から「ばかたれ!!」。誰あろう、荒川さんの声でした。

司会の清原が、どういうリハーサルをしているのか、そっと見ていてくれたのです。

荒川さん芸能生活35周年のリサイタルの司会も務めさせていただきました。また、テレビの熱血じゃご一座、旧松橋町の公演では「地蔵役」を仰せつかりました。司会者ではなく「役者」としての舞台でした。事前の演技指導の厳しかったこと。「きよはらさーん、あたは、今回はアナウンサーじゃなかつだけん」。決して妥協を許さない荒川さんの芸人魂。それが、本番前、楽屋でお地蔵さんのメイクを直々に施してもらったときのやさしさと綯い交ぜになって思い出されます。

いつもエネルギッシュで面倒見がよく芸に厳しかった荒川さん。熊本を歌い、常にこだわった、ふるさと熊本への思い、肥後にわか、熊本弁への愛情……。

ご冥福を祈りつつ、今夜の日記は、あえて会話部分は熊本弁で綴りました。合掌。

（2006・11・10）

◆読書週間に思う

読書週間はいつまでだったっけと思って調べてみたら、昨日で終わっていましたが、灯火親しむの候であります。夜も長くなって読書、本に親しみやすい季節です。

ところで、この読書週間、昭和22年、まだ戦争の傷跡が残る中、「読書の力によって、平和な文化国家を作ろう」と、出版社・取次会社・書店と公共図書館、新聞・放送なども加わって、11月17日から第1回『読書週間』が開催されたのがはじまりです。

そして、翌年の第2回から、期間が10月27日から11月9日、つまり文化の日を中心にした2

週間と定められました。若者の活字離れを憂う声もありますが、一方では「本の読み聞かせ」も再認識され、「本」が人間性を育むのに重要な役割を担っていることは間違いない事実です。「読書週間」がきっかけとなり、「読書習慣」になればいいなと思っています。

私の読書スタイルは、仕事柄、必要に迫られて読まなければならない本もありますし、好きな作家の最新の単行本も購入したりして、何冊も同時進行型です。

この秋は、亜細亜大学陸上競技部・岡田正裕監督が書いた『雑草軍団の箱根駅伝』を読みながら、後輩のアナウンサーが読んでいるという半藤一利著『日本のいちばん長い日』を読み返し、その合間を縫って浅田次郎の『月下の恋人』と『中原の虹』を平行して読み進んだりして、結構、混読状態でした。それに今は、熊本放送TV井上佳子ディレクターが出版した『壁のない風景』が加わっています。

今年の第60回の読書週間の入選標語は「しおりいらずの一気読み」でしたが、私の場合、何冊ものチビチビ読みですので、栞《しおり》は欠かせません。

時々、文庫本には航空チケットの半券を栞にしたりしています。これは、意外にも重宝する二次利用です。

ま、なにはともあれ、本は、人の心を耕し、豊かにしてくれます。

そうそう、今年の読書週間の標語の次点作に、こんなのもありました。

『人＋本＝体』言い得て妙ですよね。

もちろんプロテインも大切ですが……。

サンダル履き考

（2007・1・20）

人は見かけによらないといいますが、この「アナウンサー日記」では、「やれ忘れ物が多い、片付け整理が悪い、セッカチだ、一年の計も三日坊主だ」とのたもうているE上アナ。

「見かけによらない！　よらない！　よらない！　よるものか！　初春の驚天動地！」ワタシャ、RKKラジオ「ラジオのたまご」のブログ見てびっくりしましたねえ！（チャオチャオ風）

なんと、あのE上アナが、14日の指宿菜の花マラソン10キロの部に参加し、見事完走したとのこと。しかも、こちらの独自調査によるとタイムは、仰天！　52分台だったとか！

しかもしかも、E上アナ、あっさりと、さりげなくいわく、「ジョギングは、もうすでに一年前から始めていたのです」だと……。継続は力なりと申しますが、これにびっくりせず、何に驚きましょう。

「走った距離は裏切らない」

これは、アテネ五輪金メダリスト、シスメックスの野口みずき選手の言葉でしたが……。E上アナ、一年という周到な準備があったればこその、この完走、しかも52分台のタイム。

ワタシャ尊敬しますね（チャオチャオ風）。

一方、この一件に感動しても、こちら、一年の計＝「10キロ完走」を目標に立てようなど毛頭思っていませんが、やはり、E上アナの快挙にいくらかの刺激があったのでしょう。今、陸上競技の本を二冊、平行して読んでいます。

一冊は、佐藤多佳子さんの、春野台高校陸上競技部の二人のスプリンターを描いた『一瞬の風になれ』これは、とびっきりの青春小説です（読むと、とことん走りたくなります）。

もう一冊は、瀬古利彦さんの『マラソンの真髄』。これは、瀬古さんのマラソン哲学、そして、これからマラソンを目指す人達の為にトレーニングの基本、練習方法の〝企業秘密〟が書かれています。そのひとつ「フォームは歩いて固める」には、納得しました。

走りのフォームは、歩き方で決まるというのです。走らずしても足を鍛えられるのだそうです。瀬古さんは、安全靴を履いて、石を持ち、背筋スッと伸ばし、腰をグイッと持ち上げるイメージをつくって一直線上を歩くようにしていたといいます。ウェイト負荷は、ダンベルではなく、おにぎり大の単なる石。鉛が入っていて、普通の靴よりも何倍も重い安全靴は、鉄工所を経営している実家から送ってもらったというあたり、いかにも瀬古さんらしいのですが、「そんなことまでしたくないという選手は、せめて、サンダルを履くのはやめたらどうだろうか。サンダルではきちんと歩けない。フォームが崩れてしまう原因になることに気づいてほしい」。なるほど、何事もフォームを固めることは大切のようで……。

一年の計＝「人生も、アナウンスメントも、サンダル履きにならないように」か……。

◆さよなら紀伊國屋書店

（2007・6・11）

熊本市下通の紀伊國屋書店熊本店が、6月末で閉店します。大きな書店が相次いで開業したり、買い物客が郊外に流れたりして競争が激しくなり、売り上げが減ったことが主な原因だそうです。32年間営業を続けた有力な書店が、熊本市中心部から撤退することになります。

この熊本市下通の紀伊國屋熊本店は、1975年3月、紀伊國屋書店の九州一号店として下通と銀座通の角にオープンしました。あの「東京の紀伊國屋」が熊本にやってきたと大きな話題になりました。その年、RKKラジオの30分番組「ウィークエンドプラザ紀伊國屋」が始まりました。もちろんスポンサーは、紀伊國屋書店熊本店です。村上光也前社長が当時の企画営業担当、制作は敏腕玉木喜八郎ディレクター、そしてパーソナリティーには、入社2年目のアナウンサーが抜擢されました。最初は、ウィークエンド＝土曜日の午後5時から、2年目からは午後10時からの放送でした。そんな番組を30年前に担当した者として、閉店の報には、一層の寂しさが募ります。

よく、業界では、担当した番組をより良くすると「番組を育てた」と言ったりしますが、私の場合は、ラジオ番組「ウィークエンドプラザ紀伊國屋」に育てられた感があります。内容は、粋な音楽をかけて、詩の朗読、新刊案内、店内インタビュー、ゲストインタビューなど多彩でした。特に、ゲストインタビューは、いろいろな方に出会えて勉強になりました。

東海大学総長の松前重義先生、永六輔さん、五輪真弓さん、作家の北御門次郎さん、人吉球磨郷土史家の高田素次さん、詩人堀川喜八郎さんなど、教育文化芸能関係者も多かったのですが、今は日本サッカー協会専務理事となった田嶋幸三さんにも、当時筑波大学サッカー部で熊本に里帰りしたときに将来の夢などを聞くことができました。

そんな、さまざまな方たちとの出会いを作ってくれた「ウィークエンドプラザ紀伊國屋」。まさに、私にとって人生の出会いの広場（プラザ）でもありました。その番組を支えてくれた熊本店がもうすぐ姿を消します。新聞には、「閉店」「ネット販売も影響」「商店街空洞化」という大きな見出しで報道されていました。

現実は現実なのでしょうが、今、こちらの心も、感傷的に空洞化しています。

（2007・7・23）

◆ああ中耳炎

このところ、左の耳が、栓をしているような詰まった感じで、泳いだ後、水がたまったような、どうも人の話が聞き取りにくい状態が続いていました。

本人は、ひょっとして難聴になったのか、補聴器がいるかもしれないと不安なのに「上司の話を聞きたくないからでしょう」とか「部下の意見がうるさいからでしょう」とか、職場外野席に半分からかわれながら耳鼻咽喉科に向かいました。

診断は、ずばり「滲出性中耳炎」＝シンシュツセイチュウジエンでした。

以下は、担当ドクターの受け売りです。滲出性中耳炎は、鼓膜の奥（中耳腔）に液体がたまる中耳炎です。この液体は、滲出液とか貯留液と呼ばれています。中耳腔に、このような液体がたまると、鼓膜や耳小骨の動きが悪くなり、外耳道を伝わってきた音が鼓膜から耳小骨そして内耳へときちんと伝わらなくなり、そのために聞こえが悪くなるのだそうです。

その話を聞いた後、左耳に麻酔して、鼓膜に穴を開け、たまっている液を排除してもらいました。そして、耳管の通気療法施されたら、まあ、聞こえのよくなったこと。

短時間の治療を終えて、やれやれという思いで帰社したら、隣の机の福島アナウンサーが「あら、それだったらうちの子供も小さいとき、罹りましたよ」と言いながら同情してくれました。そうなのです、この滲出性中耳炎は、耳管機能が未熟な幼児から小学校低学年くらいの子供がよく罹るらしいのです。

「キヨハラさん、あなたも、ほんと子供みたい」とお思いの向きもございましょうが、あにはからんや、50～60歳台も多く発症しています。

それは、耳管機能が未熟だからではなく、徐々に耳管機能が低下してくるからだそうです。鼓室や鼻咽腔に原因となるような病気がなくても、耳管そのものの機能不全が「滲出性中耳炎」の発症に大きく関わっているのだそうです。機能不全……こんなところにも老いが……。オイオイオイ！

ハハ、そこで落ち込まず、転んでも、いや耳に穴が開いてもタダで起きないのが穴運サー。耳に関する言葉もいろいろ調べてみました。その中に、耳よりな話「耳に諸諸の不浄を聞いて心に諸諸の不浄を聞かず」とあり。耳ではさまざまな悪や汚れたことを聞いても、心はそれによって影響を受けたり汚れたりすることのないようにすべきであるということ、なんですって。「上司の話を聞きたくないからでしょう」とか「部下の意見がうるさいからでしょう」とか聞いても、影響受けないようにせねば……。

一方、馬の耳に念仏、馬耳東風という言葉もありましたナ。耳順《じじゅん》……耳したがう年、もうすぐそんな齢でもありますが……。

そんなことより、なんとも、ひとつだけ穴不運サー。本日、熊本は梅雨明けしたというのに、当分、大好きな水泳はドクターストップなのです。「陸へ上がった河童も同然だね」。

そのドーゼンが「童然」に思えてしまって、心に諸諸の不浄を聞く、これが一番「耳が痛い」。

注　童然とは、頭のはげたさまのこと。

（2007・8・6）

◆となりの局長

私の職場、つまり報道制作局は、二階フロアの間仕切りのない大部屋です。

ここに、報道部、放送部、テレビ制作部、テレビ制作技術部が同居しています。統括する局長のデスクが窓際中心に位置していて、その左右を次席に当たる者が机を並べています。私は、局長のすぐ左手に机があります。「キヨハラクン、チョット」と呼ばれれば、2秒以内でデスクサイドに立てる距離です。つまり、私から見れば局長の机はすぐ右隣なのです。

話は、先月にさかのぼります。中耳炎治療のため、局長に外出許可をもらったときのこと。

「聞こえにくいのはどっちの耳だ」と心配そうな表情で聞かれました。「左の耳です」と答えれば、破顔一笑とはこのことかというような笑顔で「おう、それはよかった。俺のせいではないな」。はじめ、なんのことかわからなかったのですが、よく考えれば局長デスクを右に見る位置に私がいるわけで、「右の耳が聞こえが悪くなっているならば、俺のせいかもしれないが」という意味が込められていたようで……。

こんな調子のユーモアが、時として緊張の報道制作フロアを浮遊します。

今日も今日とて、熊本代表八代東の甲子園リポートに臨む山田法子アナに、局長直々、壮行激励ランチをご馳走してくれました。スリムな体つき、お腹は出ていないのに「太っ腹」なのです。そのお礼をこちらが述べたとき、「キヨハラクン、君が部会で今年の甲子園の夏は、3日で終わるなあ、と言ったらしいので3日で終わらないように『勝つ丼』を食べさせたぞ」

「いや、部会では、大会2日目の今治西戦に勝て、3日で終わるな！　と言ったのです」と抗えば、魚が釣れたという表情で、「3日で終わるなあ」と「3日で終わるな！」の違いか……。ムキになる私を尻目に「日本語はムズカシイな」と涼しい顔。

「ま、ともかく勝つ丼で喝だ！」やれやれ……。

冗談も休み休みという言葉もありますが、時々は休んで欲しい……。

「局長の夏休みはいつなのですか」

「いや、その予定は、ないなあ（つぶやくように）、迷惑だろうけど……」

右の耳は絶好調、ちゃんと聞こえましたさ！

この調子で、夏が過ぎていくようです。

そうそう、勝つ丼で壮行を受けた山田法子アナは、すでに戦闘態勢。本日、宿泊ホテルに向け、決勝までの着替えなどを詰めた大型旅行バッグを発送しました。RKKラジオ「甲子園便り」は、8月8日から始まります。

（2007・8・13）

◆夏こそカレーだ

「夏こそカレーだ！」

冷房の効いた本屋さんで、そんな見出しの雑誌を見かけ思わず手にしました。グラビアめくっただけで生つばが……。

実は、私、夏でも、いつでもカレーが好きなのです。前世は、インド系の土地で暮らしていたのかと思うくらいです。いや、インドカレーでも、ジャワカレーでも、タイカレーでも、欧風カレーでも、和風でも、ドライでも、スープカレーでもいいのです。

あの香辛料の匂い……。とにかく、カレーが大好きなのです。

例えば、昼食時、社員食堂でカレーを食べたその日、帰宅して、我が家の献立がカレーだったこと、皆さんの経験でありませんか？　私は、このケースがよくあるのです。そんなときでも、「えー昼もカレーだったのに」などとは、言いません。「うわあ、ラッキー」という顔になっています。いや、恐妻家の作り笑顔でもないのです。（ほかの件ではあるかもしれませんが）カレーに関しては、本音で「おお、ツイてる」と思うのです。

昼食時、カレーを食べているとき、ひょっとして夕食もそうかな、などと思ったりします。そんな時、決まって我が家もカレーなのです。以心伝心なのでしょうか。最近はその確率が上がったようにも思われます。

そして、翌日の朝食、あたため直しのカレーでも平気です。いや、進んで、朝から、ガラムマサラやコリアンダーを好みで入れ、自分で調味しなおして食べるのも好きです。

そう言えば、演出家の久世光彦さんは、航空機事故で突然なくなった作家向田邦子さんへの思いをつづった、『触れもせで』という本に、こう書いていましたっけ。

〈向田さんの〉かつての人気ドラマ「寺内貫太郎一家」には毎回、食事の場面があった。ある日の台本に、「朝食の献立――ゆうべのカレーの残り」と書かれていた。「あれ、一晩たつとうまいんだな」。収録のスタジオで父親役の小林亜星さんや息子役の西城秀樹さんが話に花を咲かせた。遠い日の食卓が浮かんでか、傍らで母親役の加藤治子さんが泣いていた。煮凝《にこご》りになった魚の煮物など、「ゆうべの残り」で忘れがたいものはほかにもある。そして、「人の世の毎日は〈ゆうべの残り〉を引きずりながら、次の日、また次の日へとつながっていく」。

こんな名文はともかく、ゆうべのカレーの残りを食べたその日、昼食に誘われたうどん屋さんで、カレーうどんでも私はかまいません。カレーを引きずりながら、次の日、また次の日へとつながっていく……。けっして華麗なる人生ではないけれど、それでも、カレーが好きだ！

◆江南中学校大同窓会

(2007・9・17)

私の出身中学校は、RKKのある山崎町から長六橋を渡ってすぐの国道3号線沿いにある熊本市立江南中学校です。向山小学校単一校区の中学校です。それだけに、小学生のときからの仲良しが多く、先輩後輩、地域と結びつきも強い中学校です。

昨日、その母校、熊本市立江南中学校の創立60周年記念大同窓会が熊本市内のホテルで盛大に開かれました。集まったのは、昭和25年卒業の第3回生をはじめとして400人。

私たち、昭和41年卒業の第19回生も、茨城、千葉、東京、兵庫、広島などからの出席もあり、36人が旧交を温めました。卒業以来、初めて顔を合わす人もいて、その当時にタイムスリップしながら、思い出話に花が咲きました。

その母校還暦大同窓会では、歌舞音曲などのアトラクションは一切なく、唯一の企画は、創立当時のことから、写真や録音テープなどで記録保存に努めてきた恩師の廣瀬和夫先生の「思い出を語る」というコーナーでした。そこで、初めて知った母校の歴史も数々ありました。

戦後の熊本市の中学教育は、昭和22年2月の教育基本法、学校教育法の公布で、6・3・3制がスタートし、中学が義務教育となります。そして昭和22年4月1日に新制中学が発足します。その時の熊本市立中学は、白川、慶徳、西山、京陵、龍南、城南、出水、花陵、そして江

南の9校でした。（慶徳はのちの藤園、２００７年度は、熊本市立中学は37校）

江南中学は、昭和22年4月22日に開校、5月1日に入学式。校区は、春竹、本荘、向山で、最初、第一江南中、第二江南中と分かれて授業が行われていましたが、翌昭和23年に第二江南中は江原中学校に改称し、春竹、本荘を校区とし独立開校します。第一江南中が、向山校区単一の江南中学校となったわけです。

開校当時の状況は、黒板のない所は紙黒板、チョークは一日に2本が限度。教科書は、紙４～5枚に印刷したもので、指導内容も手探りだったそうです。

そして、思い出を語る恩師は、こう結びました。

「創立60周年にあたり同窓会に期待することは、学校の歴史を伝える役割を担って欲しいということ。貴重な学校や校区の歴史を今、残し保存しないと、後輩には伝わらず消えてしまうのではではないか。まだ健在な卒業生の保存している資料や、記憶を掘り起こして残すことが出来る機会になればこの還暦祝賀会の意義は大きい」

温故知新を説く恩師に、改めて「仰げば尊し」と感服の至りの夜、ホテルの宴会場轟に４０0人が心を一つにした校歌斉唱の締め括りは圧巻でした。

母校の還暦大同窓会が単なる飲み食いに終わらずによかったなと思ながら、学校の歴史、建学の精神を伝えていく、地域に生きる者としての作業が始まりました。

◆祝電考

（2007・9・24）

「世の中どうにかならないものか」と、こちら側でいくら思っていても、どうしようもなく、逆の方向にエスカレートしていくものって、ありますよねえ。

今、一番「世の中どうにかならないものか」と私が思っているもののひとつに「お祝い電報」があります。業務外の司会は会社の了解が前提ですが、時々、知人や友人、スポンサーサイドから、結婚披露宴の司会を頼まれることがあります。

そう、そのときの「祝電」、どうにかならんものでしょうか。

ここであらかじめ断っておきますが、いや、別に「祝電業界の営業展開」を妨害するつもりなど毛頭ありません。

最近は、祝電の形式がいろいろ開発されていて、多様であることはご存知のとおりです。押し花電報、刺繍電報、漆塗り電報、生花電報、ぬいぐるみ電報、それはそれで結構なのです。新郎新婦にとっては、もらってうれしいアイディア電報、感激の涙でありましょう。しかし、これが、司会者泣かせでもあるのです。

特に、最近人気のぬいぐるみ、キャラクター人形が握っている筒から取り出す電文紙が伸ばしても伸ばしても丸まってしまいます。披露宴会場の司会台は、そんなに面積が広くはありません。ころころころころ転がる電文紙が、いくつも司会台のあちこちに散らばります。折角決めてもらった祝電披露の順番も、順不同になってしまう始末。そして、苦労して伸ばして読む電文は、どれもこれも「幸せ一杯、夢一杯、明るい家庭を築いてください」。これぞまさしく司会者にとっては祝電疲労……。

祝電は、司会者のためのものではないことは、重々分かっておりますが、くるくるくるまる電文紙、せめて形状記憶の技術駆使していただいて、筒から出したら、すうっと読みやすいように伸びるようにしてもらえませんか……。

どうにもならないと思いつつ、筒の電報うらめしや。

（2007・12・16）

◆郵政民営化年賀状

早いものです。師走も半分以上過ぎました。年賀状の受け付けも昨日15日から始まりました。こちら、まだ、何も年賀状を出す準備もしていませんが、郵便局の年賀状受付体制は、ビックリするくらい早かったですよ。

おととい14日の夜、仕事で遅くなってしまって、夜の9時半過ぎ、昼間に出し忘れた2通のハガキを、いつものRKK近くの郵便ポストにいつものようにポンと投函したのです。その郵便ポストは、箱型で左の口にハガキや定型の手紙、右の口に定型外を投函するようになっています。そうです。いつものように、2通のハガキを左側の投函口に入れたのです。「これで、よし」と思って立ち去ろうとした時、暗闇になれた目に、左投函口の下に「年賀状」という文字が浮かび上がって来たではありませんか。つづいて、右投函口の下に目をこらすと「通常郵便」と書いてあります。

「エー、もう年賀状の受付がはじまったのか」と思いましたが、確か15日から受付とニュースで読んだ記憶があります。今日は、まだ14日……。いやそんなことは二の次であります。

今、左口に投函した2通のハガキは、年明けの年賀状とともに配られては困る急ぎの書状なのです。「しまった！　とり返しのつかないことをしでかした！」。

いつものように、いつもの投函口にポンとハガキ投げ入れてしまった事に対し注意力不足の歯がゆさ、うかつな事をしたという自責の念が、心全体をおおって来ました。

今更、取り戻せないし、明日の朝、集配員が来るときに、待っていようかとも思いましたが、「明日も寒そう」とその気持ちもすぐさま萎えてしまった次第……。

結局、翌日、熊本中央郵便局の係りに「心配事」を電話することにしました。すると、やさしい女性の声で「大丈夫です。毎年そんな方がいらっしゃいますので、年賀状と、通常ハガキの仕分けは、必ず行っています。けさも、もう1件、同じ問い合わせがありました」という返事。案ずるより問い合わせが易し。私は、「毎年そんな方」のひとりだったようで……。

みなさんもお気をつけ遊ばせ。年賀状受付の前日の夜には、ポストは変身するのです。それにしても、郵便局の準備の早さにびっくり。これも民営化に備えてのことなのでしょうか……。

◆血液薄し毛も薄し（2008・1・11）

昨日のアナウンサー日記で山田法子アナが、献血にまつわる話書いていましたが、私の血も平均値以下のまま、この15年経過しています。毎年の健康診断での血液成分の値は、矢印が下を向いたままです。白血球も赤血球も血小板もヘモグロビンも軒並み、人様以下の数値なのです。

ものの本によると血液は、液体成分である血漿《けっしょう》と、白血球、赤血球、血小板などからなる複雑な混合物で、人間の体内には約4・7〜5・7リットルの血液があるそうです。その血液の中身が薄い……。

そのため、5年前には骨髄穿刺《こつずいせんし》も受けて検査しました。骨髄穿刺とは、骨髄に穿刺針を刺入し、骨髄組織を採取することをいいますが、痛い思いしながらも、結果は異常なし。経過を見ましょうということになりました。主治医に言われたとおり、栄養、休養に気をつけ、怪我をせず、なるたけ電磁波に当たらない生活を心がけてはいるのですが……、どうも山田法子アナみたいに突然の数値改善の兆しはないようです。

ものの本のつづき「年をとると、骨髄や血球にもある程度の影響が生じます。骨髄中の脂肪の量が増え、血球を産生する骨髄の量が減少します。この減少は通常は問題ありませんが、体が要求する血球の量が増えた場合には問題が生じます。

高齢者の骨髄は、要求量の増加に対応する能力が低下しているからです。その結果として、貧血がよくみられます」ですって……。
読まなきゃよかったと血の気が失せていく思いの中、一句浮かびましたが……。

血も薄く髪の毛薄く寄るは年波

血余らず、字余り……。ブラックユーモアならぬブラッドユーモアで本日はごめんくださいませ。幸せまで薄くならないようにしなければ……ハハ。

（2008・2・14）

◆梅が咲きました

梅が咲きました。今年の梅は、「梅一輪いちりんほどの暖かさ」の句のようにではなく、一気にどっと咲いた観があります。

我が家の白梅も、近くの神社の紅梅も、通勤の道々のしだれ梅も、一斉に咲いています。その年その年で梅の咲き方もいろいろのようですが、梅と言えば、新島襄の「寒梅」という漢詩を思い浮かべます。

新島襄は、明治時代のキリスト教の布教家、同志社大学の前身・同志社英学校の創立者で、岩倉使節団の通訳の仕事に従事して英語堪能というイメージですが、実は漢詩にも素養がありました。

この冬、京都を訪れたとき、同志社大学キャンパスの掲示板には、はからずも、「寒梅」の詩が大書されていて、しばし足を止めました。

庭上一寒梅　　庭の一寒梅
笑侵風雪開　　笑って風雪を侵して開く
不争又不力　　争わず、又つとめず
自占百花魁　　おのずから占む百花の魁

庭先の梅が寒さ風雪に耐え咲いている。まるで微笑むかのように、一番咲きを競ったものでも、無理に努力したものでもない。自然に花のさきがけとして咲いている。

なんと謙虚な姿である。人もこうありたいものだ。

新島襄、知れば知るほど、魅力ある先人です。自分もこんな漢詩が書けたらいいなと思います。

人生、誰しも冬の時代があるかもしれませんが、寒を凌いで凛と開くときがきっとある……。

梅の花に励まされ、漢詩に元気をもらっている2月の自分がいます。

◆世の中は清むと濁るで大違い

（2008・2・15）

世の中は清むと濁るで大違い、刷毛に毛はありハゲに毛はなし

放送の現場では、人名、地名など言葉の清む、濁る＝清音濁音にも大変神経を使います。最近の事例では、熊本が生んだ日本マラソンの父、金栗四三さんの読みについて「かなくり」なのか「かなぐり」なのか、調査確認に時間を費やしました。

発端は、先日のラジオニュースの原稿です。第52回金栗記念熊日30キロロードレースに、「かなぐり」とフリガナがついていました。担当デスクに問い合わせたところ、和水町のホームページに「かなぐり」と掲載されており、それを根拠に「かなぐり」とフリガナを振ったとのことでした。確かに、和水町のホームページを見てみるとマラソンの父金栗四三の項目に「かなぐりしぞう」とフリガナがありました。

すでに熊本放送では、去る2006年2月、金栗さん出身地、合併前の、当時の三加和町当局の見解に準拠して、「かなくり・しぞう」の読みで統一している経緯があります。

そこで、和水町のホームページ管理者に問い合わせたところ、町村合併で新たに和水町のホームページ立ち上げのときに「かなぐり」としてしまったとのお詫び、正しくは「かなくり」で、すぐさまホームページ上も訂正を行ったとの報告、指摘感謝の連絡を受けました。

ちなみに、熊本県民総合運動公園＝KKウィングの第3コーナーのマラソンゲートは、金栗ゲートと命名され、ローマ字でKANAKURIと表記されています。

また、金栗杯玉名ハーフマラソンも、「かなくりはい」と報道されていますし、箱根駅伝の金栗杯も「かなくりはい」です。

それにしても、冒頭の狂歌のフレーズ＝「刷毛に毛はありハゲに毛はなし」のようにこのところ自虐ネタが多すぎるきらいなきにしもあらず……。

「世の中は清むと濁るで大違い、人は茶を飲み蛇は人を呑む」

茶化すつもりは毛頭ないが、引用するなら、こちらの狂歌が良かった蛇ろか……。

いやいや……。

「世の中は清むと濁るで大違い、福に徳あり河豚に毒あり」

こちらのほうが毒毛……いやいや毒気高こうなかったか……ケッケッケ。

やっぱり、どけだっかか……。

熊本弁注　毒気高＝どけだっか、熊本弁でしつこい、どぎつい、脂っこいなどの意。

（2008・5・9）

◆グランドフィナーレの余韻……

5月6日の夜のこと……～熊本城築城400年祭～「グランドフィナーレ音楽祭、100年先の未来の君へ」、熊本城二の丸公園特設会場で催されたイベントの司会を檜室英子アナウンサーとともに担当しました。

２００6年末に始まった熊本城４００年祭を締めくくる音楽祭。なんと2万2千人ものお客様にお越しいただきました。

出演は、在熊の芸能関係のみなさん、東儀秀樹、坂本スミ子、ＭＡＳＡＫＯ、秋川雅史の各スペシャルゲストなど31組にも上りました。

開演が午後6時半でしたが、最後の、築城４００年にちなむ出演者や高校生などの４００人の大合唱は、予定の9時半を過ぎる盛り上がりでした。その前日は夜の11時まで、東儀秀樹さん、秋川雅史さんのリハーサル、これは、冷え込みました……。当日は、朝8時から開場ぎりぎりまで各シーン、ブロックごとのリハーサル、これは、帽子をかぶっていたにも関わらず、日焼けするほどの日差しでした……。

それでも、舞台演出、出演者、演奏者、音響、照明、テレビ収録スタッフ、場内整理、裏方さん、すべてが心を一つにして作り上げるダイナミズムに後押しされたのでしょう。疲れを感じない不思議な時間の経過でした。

皐月の闇に溶け込むような東儀さんの篳篥《ひちりき》の音、新緑の楠の葉先まで震わすほどの秋川さんの声量、熊本城を背景に、夜空に響く４００人の大合唱……。今も、その感動の音律が、そのフレーズが、鮮明によみがえります。

余韻……文字通り、辞書にあるとおり、音の消えたあとまで残る響きが、今も自分の体を包み込んでいます。

熊本城を築いた清正公の理念は「のちの世のために」。しかし、まさか４００年後にこんな音楽祭が催されようとは夢想だにしなかったでしょう。

この模様は、5月25日（日）午後3時から、ＲＫＫテレビで放送します。ぜひご覧ください。

（2008・5・16）

◆朝市は三文の得

早起きは三文の徳といいますが、この何年か早起きが苦手ではなくなりました。特に日曜日の朝は早起きです。

年のせいばかりではありません。熊本駅前の朝市が開かれるのを楽しみにしているからです。

地魚やアワビにハマグリなど獲れたての魚介類、旬の野菜、果物、農産物加工品、お茶、生花、その場で揚げるテンプラ、作りたてのサンドウィッチにいきなりだご…どれもこれも新鮮で安価なのです。加えて、ぬくぬくの豆腐にはおまけに必ず袋一杯のオカラがついてきます。好物のイモの芽、そら豆買えばこれはサービスとスイートコーンつけてくれたり、朝市は三文の得？　それとともに、お店の人とのふれあい、人情の交流が何より早起きしてよかったと思う一因でしょう。

ついつい、あれもこれもと買い過ぎて、時に家人に不評を買うこともありますが……。「これが男の買い物だ」と変に自分を納得させて懲りずに毎週通っています。

この朝市、正式名称は「熊本駅前観光朝市」、国鉄民営化の前の年１９８６年の6月から、駅前活性化を看板に始まり、この6月でまる22年を迎えます。

熊本駅前観光朝市会の高濱秀安4代目会長によると現在、熊本市内や近郊はもとより阿蘇から葦北水俣からおよそ30店が、毎日曜日早朝、朝市のテントを張り盛況です。

なぜ、この熊本駅前の朝市に毎週通うようになったのか……。

こちらが公私ともどもお世話になっているシスメックス女子陸上競技部、藤田信之監督の来熊時の定宿が熊本駅の近くにあり、「あの朝市、前から気になってんのや、案内してくれるか」と言われたのがきっかけでした。

それまでは、時々しか行ってなかったのに、藤田信之監督のお供をするようになって、こちらも朝市の人たちと顔見知りになったという次第です。

地元のおいしいものや特産品に興味を示し、誰とでも気さくに話す庶民派の藤田監督に朝市スタッフの中にもたちまちファンが増えました。このごろは、私一人で朝市に行くと「きょうは、監督は？」とすぐ聞かれます。それだけ、藤田監督もこの熊本駅前の朝市にとけ込み、馴染んでいる証左でしょうか。

今は、北京五輪を前に野口みずき選手の指導の肝心な時期だけに、なかなか熊本にも来ることができない状況ですが、そろそろ「朝市行きたい症候群」になっているかもしれません。

それはともかく、熊本駅前観光朝市会の高濱秀安会長はじめ関係のみなさんの願いは、これまで22年間も駅前活性化を旗印にがんばってきた「熊本駅前観光朝市」を九州新幹線駅前再開発の工事期間中も、中断、休止することなく駅周辺で継続し、２０１１年開通後も存続させたいということです。そのためには、この朝市が世間の評判もよく活況を呈し続けなくてはなりません。「男の買い物」がその一翼を担う？　よう、時に家人に不評を買うことがあったとしても、めげずに毎日曜日、こちらも早起きを続けることにいたしましょう。

熊本城本丸御殿もいいけれど、熊本の人情の交差点、駅前観光朝市にも味があります。大いに全国に発信できたらと思っています。

（２００８・５・23）

◆ヒメジョオンに思う

ヒメジョオンが咲き始めています。ご存知ですか？　この季節、道端でも土手でも良く見かける草花です。花はキクのような形ですが、中央が黄色で、周りが白色のとても細い花びらが沢山ついています。

その小さな花が、一株に数え切れないほど咲きます。ときに大群落を作り、この時期、遠くからは草むらに雪が積もったようにも見えます。

小学生の時、植物好きの先生が名前を教えてくれました。「ヒメジョオン」という音の響きが、小学生の耳には、ものめずらしく聞こえ、記憶に残る花となりました。

ヒメジョオンは漢字に直すと「姫女菀」と書きます。北アメリカ原産で、明治の初めに日本に入ってきた帰化植物だそうです。花言葉は、素朴で清楚。

この花に励まされた思い出があります。

全国大会出場を目指しサッカー一筋だった高校時代、新人戦で優勝し、第1シードで臨んだ3年生の6月インターハイ県予選、準々決勝でライバル校に接戦の末1対0で敗れてしまいました。前半立ち上がり、セービングの指先をすり抜けていった失点……。その後ずっと押し気味の試合……こみ上げる悔しさと落胆消沈の帰り道……。

白川の土手に無数の白い花、ヒメジョオンが咲いていていました。

練習の明け暮れには気づきもしなかったのに……。

「ひとつ夢破れてどうしました?」「くよくよしなさんな」「夢の数だけ咲いていますよ」

そんな風にささやくように群れて咲いていた白い花の数々。

あれから幾年、いまだにインターハイに憧れを持つOBは、後輩に夢を託す思いを込めユニフォームを自らデザインしました。母黌《ぼこう》サッカー部の正ユニフォームは、白地に胸にスクールカラーの黄色の大きなラインが一本の、きわめてシンプルな配色のものです。

そうです。モチーフはヒメジョオンでした。

今年も熊本県高校総体の季節が巡ってきます。不思議なことにこの季節、いくつになっても血が騒ぎます。今年、全国大会を目指す、すべての高校生アスリートにエールを送ります。

〝明日こそ夢の数だけヒメジョオン〟

梅に赤紫蘇考

（2008・5・30）

我が家の近くの畑では、この季節、梅の実の収穫に合わせるように、赤紫蘇《あかじそ》が作付けされています。独特の赤紫の葉が、さわさわと風にゆれていい香りが漂います。

梅に赤紫蘇、ミスター長嶋風に言えば、「梅干づくりの、いわゆる、ひとつのナイスなコンビネーションですね」。ですが、ものの本によると、その組み合わせの歴史は意外にも浅く、梅干に赤紫蘇を加えるようになったのは江戸末期と言われています。それまでは、塩漬けしただけの梅を干した「白干し」が主流だったようです。

では、一体誰が、梅と赤紫蘇を組み合わせる製法を考えついたのでしょう。今では、梅干は赤いものというのが当たり前となっていますが、よくぞこの二つを取り合わせたものだなと感心します。

英語の辞書で「combination」を引くと組み合わせ、結合などの意味が載っています。梅に赤紫蘇のように切っても切れない組み合わせは、その他にもいろいろあります。

「刺身につま」「焼き魚に大根おろし」これらは、体にいい食の理にかなった組み合わせでしょう。

「柿の種に剥きピーナッツ」＝「柿ピー」これは、1923年、新潟の製菓創業者がうっかり踏み潰した煎餅の金型を元に直せずそのまま使用したところ、歪んだ小判型のあられになって「柿の種」が生まれ、それに、1955年、ピーナッツが混ぜられ始めたという歴史があります。なんでも、当時ピーナッツの需要が伸び悩んでいて、売り上げ好調の柿の種に混ぜてみたところ、これがヒットしたのだそうです。こちらは、偶然と経済状況が織り成した絶妙の取り合わせといったところでしょうか。

このように見てみると、世の中、組み合わせ次第のようでもあります。

そう言えば、我らがロアッソは、今日のザスパ草津戦、2－0でまた黒星……。

「4－1－4－1」の新布陣は不発……ナイスなコンビネーションは見られず……。

塩梅もよろしくウメー話で締め括りたかったのに、口酸っぱくサッカー愚痴談義シソーなので今日はこの辺で……。

◆のさりのアナウンサー、作家島一春氏の思い出（2008・7・11）

ちょうど6月下旬、所用で熊本を離れていたとき、作家の島一春さんが亡くなりました。帰熊して熊本日日新聞で確かめましたが、78歳、愛妻フミヨさんが亡くなって11日後の逝去でした……。

葬送の儀に駆けつけることも出来ず、無念の思いのまま7月を迎えています。

島一春さんは、1959年「無常米」で農民文学賞を受賞。1995年「熊本県近代文化功労者」顕彰。1996年「のさりの山河」で日本文芸家クラブ大賞を受賞。天草を舞台に農民、漁民のひたむきに生きる姿を描いた作品を数多く発表した人です。

若いとき肺結核を発病しますが病癒え、天草から上京します。そして千葉県流山市に居を構え長く執筆活動続けていましたが、9年前、「ふるさとの海の見えるところで書き続けたい」と、生まれ故郷の龍ヶ岳町大道に家を建て帰ってきました。

島さんと旧知の間柄のRKKラジオディレクターだった玉木喜八郎先輩と共に新築祝いの酒を携え、大道の小高い丘の上に建つ島さんの家を訪ねました。「あよー玉木さん！　あよー清原さん！」と天草弁で迎え入れてくれたとき、玄関先から振り返った龍ヶ岳の海の輝きが忘れられません。島さんは、フミヨ夫人とともに手厚くもてなしてくれて、思い出話にいつまでも花が咲きました……。

最初の出会いはいつだったのでしょう……。

そう、今から30年前、私が新人の頃、島さんが天草での小説取材を終え流山に帰る際、RKKに立ち寄ってもらい、玉木喜八郎ディレクター担当のラジオ番組にゲスト出演してもらったのがきっかけでした。

初対面で〝どんな作家先生なのか〟とコチコチの駆け出しアナウンサーに対し、島さんは天草弁の素朴な語り口、やさしい眼差しでした。それで気分をほぐされた私が、インタビュー本番、盛り上がったところで、「島さんも今回、取材で天草においでになりました。私も、放送の現場で取材をします。『取材』とは一体何でしょう？」と尋ねたときのことです。すかさず島さんは、「あんな（あのね）、水は高っかところから、低っかところに流るっでしょうが。そっぱな（それをな）片手ではなく両の手を差し出してありがとうございますと受ける心。教えを乞う、教えてくださいという心が一番大事ではとオモトットです。（思っているのです）」

と答えてくれました。

そしてさらに「取材は材を取ると書くが、材料、材木の材をおっとる（盗む）のではなく、教えていただいてありがとうございますという心があればな、材料、材木の材が、カイヘンのザイに変わっとよ」と話を展開してくれました。カイヘン、聞いた途端は何のことかピンと来ませんでしたが、すぐその後、貝偏のザイ＝財という字が浮かびました。なるほど、誠心誠意、教えを乞うという気持ちで取材に臨めば、取材で得た材料は自分自身の財産になるというわけです。30年前の、あの顔、あの声を、今でもはっきりと覚えています。こころを込めた取材は、財に変わる……。

まさに値千金の言葉が私のアナウンサー人生を支えてくれています。教えを乞う……。

あの時、島さんの言葉をしっかりと両の手で受けとめた「のさり」が今も生き続けています。いつも島さんは、「『のさり』とは、わが身の理性、智恵、自己本位の計算や意思、教養などのはるかに及ばない大いなるもののはからいよって授け与えられたもの」と言っていました。

しかしながら、もう島さんの生の声をこの世では聞けなくなりました……。

こちらも人生の後半戦に突入しています。その人没せりと言えども、心の中に生かし続けなければならない人が年々増えてきました。「一期一会」……この言葉がやけに胸に響きます。

千葉流山でなく、車ですぐの龍ヶ岳ですもの、いつでも会えると思っていました……。

まだまだ、何でも教えてもらいたかったのに……。

無念の思いの夏、近々、玉木先輩と「しのぶ会」を持つ予定です。

◆バドミントン・マエスエ活躍

（2008・7・18）

この前の日曜日は、勤務表上は休日だったのでありました。
久しぶりに日曜日が休みになるので、近くの日帰り温泉にでも行って、家庭サービスでもするかと思っていました。

その矢先、山﨑アナウンサーから電話がありました。11年ぶり八代で開催される全日本実業団バドミントン選手権、地元熊本の「NEC　SKY」の活躍を追うテレビ報道のスポーツ企画を提案したものの、あいにく報道記者の取材配置が難しい状況だというのです……。

今回の全日本実業団バドミントン選手権、人気の北京オリンピック代表「オグシオ」こと小椋久美子、潮田玲子を擁する三洋電機と共に同じく北京オリンピック代表「スエマエ」こと末綱聡子、前田美順が牽引する「NEC　SKY」が優勝候補と目されニュースバリューは申し分ありません。むろん、企画提案した本人が八代に行ければいいのですが、これまたあいにくロアッソの取材でアウェイ甲府に出張で不在なのです。

長年の経験で分かるようになったのですが、こんなとき、決まって「先輩、動けるでしょう」というニュアンスを言葉の端々に漂わせてきます。

スポーツマインドが日帰り温泉を押さえ込み、一本を取るまでに時間はかかりませんでした。阿吽の呼吸とでも言うのでしょうか。気づいたときには「分かった！　俺が行く」と言ってしまっていました。

かくして、日曜日、予想通り「NEC　SKY」と三洋電機の対戦となった決勝を取材することに……。

2ダブルス3シングルス、先に3勝した方が勝ちの団体戦。しかも、オーダー発表を聞いてびっくり、第1ダブルスは、オリンピック代表同士の対決、「オグシオ」対「スエマエ」のいわゆる「ガチンコ勝負」となりました。

東京からも取材陣が大勢やってきてコートサイドはカメラ、カメラ、カメラ。いずれも人気注目度の高い北京五輪代表「オグシオ」にフォーカスを合わせています。こちらは、同じく北京五輪代表「スエマエ」こと末綱聡子、前田美順ペアはじめ「NEC　SKY」の活躍の取材です。

八代市総合体育館は超満員の2000人の観客であふれ、シャトルがまるで生き物のようにネットを超える美技連続のゲームを見つめます。さすが北京五輪直前の世界ランク6位と7位のハイレベルの戦いです。

末綱聡子、前田美順ペアは、第1ゲーム序盤リードを許したものの、見事な7連続ポイントで逆転し、そのまま21対18で押し切り波に乗りました。

休憩、コートチェンジのときには「マエスエ」の大声援が期せずして沸き起こります。「スエマエ」ではなく何故か八代では「マエスエ」でした。こちらが音声としては語呂がいいのでしょう。

その体育館全体の「気」も後押ししたのでしょうか。第2ゲームは終始リードし21対11。ストレートでオグシオに3年ぶりに勝ちました。「マエスエ」は、北京で何かやってくれそうな予感のする試合運びでした。

その「マエスエ」の勝利をたたえる大歓声が収まると、いつの間にか東京のカメラはいなくなっていましたが、こちらは、第2ダブルス、第1シングルス、第2シングルスと取材を続け、「NEC　SKY」の5年ぶり2度目の優勝を見届けました。

歓喜の輪の中にいる今井彰宏監督の久しぶりの笑顔。第2シングルス、優勝を決めた藤井瑞希選手のほっとした表情。「オグシオ」に一歩も引かなかったという喜びの「マエスエ」を取材し夕方ニュースに間に合うよう急いで八代駅に向かいました。飛び乗った列車の中で、ビデオテープを宝石のように抱えながら、企画提案から予想通りの展開、「温泉はいつでも行けるけど、こんな取材はめったにない」と頷き、バドミントン選手が試合中によく言うように「ラッキー」とつぶやく自分がいました。

いくつになっても「現場」のにおいはいいものです。

「現場」には放送魂を揺さぶる何かが確かに存在しています。

これだから……。

◆緒形拳さん逝く　恋慕渇仰……

（2008・10・28）

俳優、緒形拳さんの逝去から3週間。

彼の死を惜しむ報道、再放送が続きました。

それほど時代を代表する役者だったのだと改めて感じます。こちらは、数々の作品、スクリーンで、あるいはブラウン管で様々な役柄の活躍を拝見してきましたが、その一方で、緒形さんは、役者以外にも、書、焼き物、篆刻、絵など、多芸多才のひとでした。

『恋慕渇仰』……東京書籍から出版された緒形さんの書と随筆の本があります。私の本棚に、1993年11月1日第一刷発行の初版本を大切にしています。

書も独特ですが、エッセーも、センテンス短く、これまた感性豊かな味があります。私は、ひそかに、書とともに、彼の文章に恋慕渇仰、憧れを持っていた者のひとりです。

とりわけ「紅葉」という短文が好きでした。

冬の紅葉が好きだ。木の全体は骨みたいな、線で出来た姿になり、黄昏てくると夕空にきりりと、黒く鮮やかに浮かび上がってくる。それが春になると芽吹いてきて、黄緑の、人の目をなごませる色になる。その色が季節とともにだんだん濃くなっていって、夏になると深い明るい緑になる。秋になれば葉が少し縮み、同時に真っ赤な色となり、そして散っていく。役者の姿を紅葉に見る。ひとつのものをつくりあげ、それをいったん全部捨てて、また新しいものをつくってゆく。

破壊と創造の姿勢のくり返し。そのはざまにある、冬の、骨だけになった紅葉の木。無駄なものが一切なく、装飾的なものも何もなく、そぎ落とされた骨組みだけが立っている。その木の持っている力すべてを出しきっている。その寒々しさがいい。そこで紅葉の木の姿を書に表現しようとする。筆にたっぷり墨をふくませて骨偏に「豊」と書いて、「體《からだ》」という字を書く。何枚も何枚も「體」という字を書く。ゆっくりとしっかりと。書いて書いて書き抜いていくと、余分な葉が落ちるように骨になっていき、冬の紅葉のようになる。演技もそうありたい、そう思っている。

この文中、役者をアナウンサーに、演技をアナウンスメントに置き換え、折に触れ、何度読み返してきたことか。

訃報に接し、改めて『恋慕渇仰』を手にしました。

その66ページ、「人と契らば濃く契れ」という書の下に、この一文がありました。

「死ぬということは残った人の中に生きるということだ。自分の中に、逝った人々を生かし続けるということだ」

緒形拳というひとに一度お会いして話を聞きたいと思っていましたが、熊本放送でのインタビューのチャンスは巡ってきませんでした。そういう意味では、濃く契れなかったわけですが、『恋慕渇仰』の本を通じての縁《えにし》、自分の中に、緒形拳さんを生かし続けなければと思っています。

◆知らないことは星の数ほど

（2008・11・7）

知らないことは星の数ほどある。その知らないことを知らないまま、ほったらかしにしないで、何事も疑問を持って調べること。すぐに辞書に手が伸びるように習慣づけること。私のアナウンサー人生の師匠、由宇照也先輩の教えです。新人のころ、毎日の養成研修で口癖のような言葉聴いていたので、いつしか覚えてしまって、弟子も習い性になっています。なにかあったら辞書、なにもなくても辞書……。そうそう、きのうのこと、なにもなくても辞書めくりしていたら、思いがけずヒットした言葉がありました。

知っている人には常識かもしれませんが、（あらかじめおことわりしておきます）知らなかった私にとっては目から鱗、「100へー」を連発したくなるような言葉の意味の発見でした。

それは、「超ド級」という言葉……。

よく映画の予告編などで「超ド級の迫力」「超ド級のスペクタクル」と表現されたり言語に絶する大物などの意味で使われる、この「超ド級」ですが、これまで私はこの中の「ド」は、ドデカイ、ドギツイ、ドマンナカなどその程度が強いことを表す接頭語の「ド」だと思っていたのです。

実際、広辞苑には、「ちょうどきゅう＝**【超弩級】**は、同類のものよりも、けた違いに大きいこと」とあり、ドは弩という漢字での表記でしたが接頭語の「ド」だと思っても不思議ではありません。が、しかし、広辞苑の次の項目には、ちょうどきゅうかん＝【超弩級艦】が載っていました。その超弩級艦の意味は、（super dread nought）「攻撃力・防御力などにおいて弩級艦に超越した戦艦」とあり、「ドレッドノートを引け」と指示してありました。

弩級艦とはなんぞや……。とたんに由宇師匠の顔が目に浮かびます。強迫観念かもしれません、手はすぐに「ど」のページをめくっていました。

「ドレッドノート」も広辞苑にありました。【dreadnought】「『怖いものなし』の意。1906年イギリス海軍が建造した大型戦艦の名。以後同型艦の総称となる。邦名、弩級艦。つづいて超弩級艦、超超弩級艦が建造された……」。

なんと、「超弩級」は20世紀初頭に造られたイギリス軍艦の名前から由来していたのです。ドレッドノートを超えるクラスという意味だったのです。

知っている人には常識でも、私にとっては超弩級の驚きでした……。して、ドレッドノートとは、いかなる戦艦か？　またまた由宇師匠の顔が目に浮かびます。長距離砲戦に圧倒的に優位な戦艦として建造されたとありますが……。これからじっくりと調べてみることにいたししましょう……。

まさに知らないことは星の数ほどあるのです。

「知らないことを次から次に調べ上げる喜びを知りなさい」

師匠の言葉かみしめる立冬の夜です。

◆大学時代の一つ上の先輩

（2008・11・24）

このところ、とんと御無沙汰だった大学時代の一つ上の先輩から、久しぶりに電話がかかってきました。東京の空調会社の執行役員を務める山上芳昭さん。聞けば、「九州に出張するので、お前に会いたくなった」とか。

大学時代……こちらはサッカー部、山上先輩は、山岳部でゼミも違っていたのですが、私の下宿の先輩と仲がよく、それがきっかけで、よく可愛がってもらいました。

ニックネームは「牛」。がっしりした体格と、どんなやっかいな事柄にも、冷静に、粘り強く立ち向かっていくリーダーシップから、みんなは「牛」と言っていましたが、こちら後輩は、恐れ多く、今でも尊敬の意味を込めて「牛兄い」と呼んでいます。

ある日、私の部屋にやってきた、その「牛兄い」が本棚を見て、「お前、経済学の本はあるけど、文学の本が少ないな。専門書ばかり読んでいたら、ホンマ専門馬鹿になるで。もっと文学書も読まなあかん」。関西出身の先輩は、やさしく諭すように言ってくれました。

「それでは先輩の下宿にも遊びに行っていいですか?」懐の深い、人情味のある人でしたから「いつでも、ええで」の返事を貰いました。

聞くところによると、シモーヌ・ヴェイユを日本に紹介しシモーヌ・ヴェイユ全集の翻訳で有名な橋本一明というフランス文学者の実家だそうで、その大きな家の二階に下宿していました。行ってみると、本だらけの部屋でした。

それから、時間があると山上先輩の下宿に転がり込むようになって本をよく読むようになりました。

食事もご馳走になった思い出ばかり……。

山上先輩は、手元不如意のとき、「ちょっと待ってろ」と、決まって大家さん＝橋本一明さんのお母さんに掛け合いに階段下りて行きます。

階下のやり取りが、はっきりと聞こえてきます。

「またかい、この前のも返ってきてないのに……」

「いや、きよはらが来ているんで」

「一体いくらいるん？」

いつもこの調子でした……。

今回の再会では、そのときのご恩返しとばかり、馬刺しのおいしい店に案内しました。話が弾み、学生時代にタイムスリップした一夜でした。

最近、身の回りで荷やっかいな心晴れない事柄も多いのですが、そんな折、バイタリティあふれる先輩との再会で、有難き人と人との繋がりの温もりとともに元気をもらいました。

その先輩を送った帰り道、吉田拓郎作詞作曲、かまやつひろしの歌でヒットした「我が良き友よ」が、ふと口をついて出ました。

♪♪可愛いあの娘に声かけられて頬を染めてた　うぶな奴……

（山上先輩は、下宿の隣のお嬢さんと結婚したのです）

♪♪語り明かせば下宿屋のおばさん酒持ってやってくる……

「下宿」という言葉も死語になりつつありますが、人生は、地球に下宿しているようなものでしょうか。

〝お前、今ごろ、どの空の下で、俺とおんなじ、あの星みつめて何思う〟

（2009・1・9）

◆川尻電車ノスタルジー

皆さんは川尻電車ってご存知ですか？熊本市の川尻と河原町を結ぶ路面電車でした。

かつては、白川に架かる長六橋の上を市電が通っていたのです。

長六橋を渡ると、白川左岸沿い、迎町、泰平橋、白川橋、世安車庫、十禅寺から、日吉校、刈草、下近見、八幡、川尻までの路線でした。

この川尻電車は、バスやマイカー利用の増加など交通体系の変化から、1965年（昭和40年）に廃止になりました。私が、中学校の二年生の冬のことでした。何故、そのことを覚えているかというと、最後のお別れ電車に乗ったのです。そのときの記念乗車券を大切にしています。

そんな御縁があって、1月29日（木）放送「週刊山崎くん」

＝「川尻市電沿線ぶらり旅」のリポーターに起用されました。

ただ今、取材、収録の日々であります。相棒は、いつものコンビ、奥田圭さん。我々は、元祖Ｋ＆Ｋと名乗っています……。

川尻線が廃止になって44年、その軌道跡は、道路や宅地、河川敷になっていますが、面影の残る場所もいくつも発見できています。郷愁にかられながらのぶらり旅、川尻電車の敷石を大切に保存している家もありました。何より、沿線の方たちの人情に触れ、寒く冷え込む中、心はホンワカーとなっている今日この頃です。

1月29日（木）「週刊山崎くん」ご期待ください。

（2009・2・16）

◆漢字読めない学生に思う

新聞で、連載ものと言われている囲み記事読むのも楽しみのひとつです。

最近、日曜日、待ち遠しいのが、「日本経済新聞」掲載の「うたの動物記」。歌人の小池光さんの洒脱な文章でいろいろな動物が紹介されています。これまでに雁、狼、蜻蛉、狐、海鼠、亀、鹿……。

このうち、去年11月の河馬の章も素敵なリズムで綴られており、熊本放送の新人アナウンサー採用一次試験でその一部を受験者に読んでもらうことにしました。

カバの魅力は、ひとえにその巨躯にある。それは象の方がカバより大きい。でも象は鼻長く、耳は大きく、足も太いが長く、全体の造作にメリハリがあり、体躯そのものの大きさが違和感を与えない。カバはひたすら大きいゆえに大きい。この前、上野動物園で水から上がったカバを久しぶりに目の当たりにしたが、あまりの大きさに唖然とした。

単純無比、天衣無縫に巨大であり、巨大に尽きるため、カバはいわば叙情の介入を許さない。もっとも詩歌、文芸に登場しにくい動物といえよう……。

（「日本経済新聞」２００８年11月9日「うたの動物記」より）

特段、漢字の読みの力を試すわけではなく、この文章を、どのように解釈して、どう読んでくれるのかに主眼を置いていたのですが、明けてビックリ玉手箱……、いや、聞いてビックリ漢字読み、おかしな読みが多かったのには驚かされました。

まず、巨躯につまずき、キョケイと読まれたときには、耳を疑いました。これを正確にキョクと読んでも、次に出てくる体躯をタイシャと言った人もいました。目の当たりを堂々と「メノアタリ」とマノアタリにしたときには本当に唖然としましたし、単純無比はタンジュンムヒ、比べようもないのですが、タンジュンムイとはこれいかに……。

また、ほとんどの人が、造作を「ゾウサ」と読みました。造作には、「ゾウサ」と「ゾウサク」の読みが二通りあります。「ゾウサ」は、手間や費用のかかること。あるいは、もてなし、ご馳走の意です。この文章の場合は、「つくり」の意味合いから「ゾウサク」です。これくらいの読みは、大学生なら、ゾウサない＝面倒でない、わけはないと思ったのですが……。

漢字能力検定協会は、資格検定ブームを背景に公益法人としては過大な利益を上げていたというニュースも流れましたが、なんとも皮肉な試験の現実……。

漢字が読めることが、唯一、放送人たる資格であるとは申しませんが、一定の基礎教養はあってしかるべきだと思います。しかし、未曾有をミゾウと言わない宰相の国でした……。


マッチ擦るつかの間海に霧深し身捨つるほどの祖国はありや

ワイン嗜んだことを窘《たしな》む大臣の映像見ながらふと寺山修司の歌が浮かんだ夜です。

（2009・3・3）

◆シズル感

知らないことは星の数ほどある。だから調べよ！

これは私のアナウンサー人生の師匠、由宇照也先輩の教えですと、前にも書きましたが、またまた、知らないこと発見……。

今、「週刊山崎くん」3月12日（木）放送予定の「B級グルメ・どんぶり」の取材進行中です。その担当、廣瀬広幸ディレクターがよく使う言葉に「シズル感」があります。

「このうなぎの焼き加減、『シズル感』出して撮影して」。カメラマンによく「シズル感」を注文します。撮影の業界用語だなと思って聞いていましたが、そこは、言葉の最前線に生きている身、自然に辞書に手が行きました。

広辞苑には、しずる＝【垂る】（シズル）「木の枝などから雪が落ちる」とありました。

なんか今一つ、意味がしっくり来ませんが、ああ日本語の転訛、転用で「シズル感」になったのかと思いました。

ところが、次に大辞泉引けば、シズル【sizzle】＝「広告表現で消費者の五官に訴えて購買意欲をそそる手法」とあるではありませんか。


そうなのです。シズルはsizzleつまり英語だったのです。

英語の辞書引けば、「揚げ物や肉が焼ける際の『ジュージュー』という音」でした。まあ、なんと私たち日本語圏は「ジュージュー」と言うのに、英語圏はジュージューをシズル＝sizzleと言うことが分かりました。

犬がワンワンと鳴くのも英語圏はバウワウですもの、これはこれで納得しなければなりますまい。

そうなのです。シズル感は、「ジュージュー」という音の英語の擬音語から生まれ、転じて、食品の味わいを想起させる写真映像や図案、さらに広告においては、食品に限らず企業や商品など対象物の魅力や価値という意味でも使われている写真広告業界用語なのだそうです。

だから、「週刊山崎くん」の廣瀬ディレクターは、映像表現において料理や調理中の臨場感を表す語として「シズル感」を使ったのでしょう。

英語が、どんどん日常の表現にスピード感をもって進出してきています。そうそう「スピード感」もそうであります。

一方、グルメはgourmetというフランス語で、食通、美食家という意味です。この国の言葉は、誠にこのところ国際的であります。

ともあれ、3月12日（木）の「週刊山崎くん」は、「B級グルメ・どんぶり」編です。メタボ（これも英語転訛か）なにするものぞ！

使命感に燃え、親子丼、うなぎ丼、天丼に挑戦するオジサンの姿に乞う期待。


（2009・4・2）

◆今年も新人研修が始まる

今年も新人アナウンサーの研修が始まりました。

毎度のことながら、「師弟同行」を旨としています。

未熟な自分のことを師とはと、ご指摘の向きもおありでしょうが、ここで言う「師弟同行」は、研修担当する方も、研修受ける方も同じ地平で、教える側も、教えられる側も、一緒に学び育って行きたいという意味あいであります。

アナウンスの基礎研修は、発声発音、アクセント、イントネーションなど、単に技術の修得にとどまるものではないというのが持論です。

心技体、あくまで「心」が先にあっての、「心」が支えての「技」であり「体」であると思います。全人格的人間形成と大上段に振りかぶらずとも、まず、心ありきと信じて研修に臨んでいます。

中里介山の小説『大菩薩峠』の中で、主人公、机龍之介が江戸で新徴組に入り、首謀者、土方歳三らと清河八郎を撃つ手筈のところ、誤って幕末の剣豪島田虎之助を襲撃してしまう雪の夜のシーンがあります。

勝海舟の剣術指南でもあった島田虎之助は、突然の襲撃にいささかも慌てることなく、一太刀をもって前後の敵を一時に切るなど平正眼の剣の冴えを見せ、あっという間に13人を倒します。そして、最後に土方歳三を組み伏して、雪の降り続く中、次のように諭すのです。

「剣は心なり、心正しからざれば、剣も正しからず、剣を学ばん者は、心を学べ」と
甲源一刀流の巻三十、三十一、このくだりが大好きで何度も読み返すうちに、この「剣」のところを「アナウンス」に置き換えてみるようになりました。

「アナウンスは心なり。心正しからざれば、アナウンスも正しからず。アナウンスを学ばんものは心を学べ」と……。

剣心一致を唱えた島田虎之助にあやかれば、アナウンスは、声心一致でなければと思います。

熊本城に例えるなら、石垣の一つ一つを積み上げる気持ちで新人がしっかりとしたアナウンスの土台を作って欲しいと願いながら、こちらも気力充実させて研修に臨んでいます。

来週の月曜日から、また新しいカリキュラムが始まります
まだまだ島田虎之助の境地には至らずでありますが、教える側も同行の、一対一の真剣勝負が待っています。

◆ああインターハイ（2009・5・26）

昨日のアナウンサー日記で山﨑アナウンサーが、高校総合体育大会の話題に触れていましたが、その文章読んだだけで血が騒ぎます。

かくいう私も高校時代は、インターハイを目指してサッカー部の猛練習に取り組んでいた者であります。

担任と親と生徒の三者面談で大学はどこへ行くという話より、サッカーで熊本県代表としてインターハイに行くことこそが、人生18年の最大の目標であり、すべてでした。

皆様は、お笑いになるでしょうが、インターハイに命がけでした。

それは、今や、熊本の土着のブルースを歌うギタリストとなった積道英さんはじめ先輩の影響も大いにあったと思いますが、とにかく、寝ても覚めてもサッカー漬けでした。

数学の時間に、新しいフォーメーションを考えついてニコニコしていたら「なんばしよっとか」と、微分積分の先生にこっぴどく怒られたことも……。

高校三年のこの時期、随分と気合が入っていた証拠が今もちゃんと残っています。

それは、卒業写真です。高校総合体育大会本番の2、3日前に個人写真の撮影が行われました。3年5組のキヨハラ……頭は、丸刈りの「五厘」眉根にしわ寄せて眉つりあがり眼光炯炯、まさに戦闘態勢に入った表情であります。

後年アルバムを見て「まるで、三島由紀夫みたい」と言った人もいましたが、恐れ多くも、それはともかく、不退転の構えで決戦に臨もうとする「気」に満ち満ちているモノクロ写真。

以来、こんな表情で物事に取り組んだことがあったろうかと自省しますが、このインターハイをめざしたサッカー部の三年間が、自分の人生の土台の石垣になったのは、紛れもない事実です。

青春の一時期、一心不乱に取り組むべきものの尊き存在。

今年の「近畿まほろば総体」めざす、すべての高校生アスリートにエールを送ります。

そうそう、ひたむきと言えば、今年、初めて熊本県高校総体開会式の放送を担当する山田法子アナウンサー、5月29日（金）の本番を前に、今しがたまで、自席で準備作業を行っていました。ここにもインターハイに臨む一つの「気」が満ちています

不退転とは崖に咲くをとこへし　鷹羽狩行

（2009・8・14）

◆ザビってる考

ラジオニュース担当よりテレビのニュース担当のほうが、見た目を気にするのは必然なのでしょうか。私もテレビニュース担当のとき、必ずチェックするポイントがいくつかあります。たとえば、ネクタイの結び目のゆるみだとか、曲がりだとか、髪形だとか……。

このところ、本番前、その我が髪に櫛を入れるとき、決まって気になる言葉が浮かびます。「ザビってる」。

一ヶ月前、「熊本日日新聞」夕刊に紹介されていた言葉です。今年5月出版の『あふれる新語』という本に収録された若者新語のひとつで、「あの先生ザビってない」「ザビってる」とは、フランシスコ・ザビエルの髪形から、東京の若者の間で髪の毛の薄い人物を指す隠語なのだそうです。

そういえば、この「アナウンサー日記」で、京都のシスメックス女子陸上競技部を訪ねたとき、私が「ザビー」と呼ばれたと紹介したのが、2008年の1月でしたっけ……。

〝廣瀬永和コーチや、事務局の岡田栄夫さん、横山幸代さん達シスメックスのスタッフが「ザビーが来た」「ザビーがさあ」「ザビーがね」と会話の端々に、しきりに「ザビー」なる言葉を挟むのです。

「ねえねえ、そのザビーって誰?」と聞けば、みんなクスクス笑い出して、お互いめくばせをして、間を置いて「それは、清原さんのこと」ですと……。

よくよく聞けば、私の頭部が、聖フランシスコ・ザビエル神父に似ているからだそうで、ザビエルでは、ニックネームになりにくく「ザビー」と名付けたのだとか……。〟

このように、京都で「ザビー」と呼ばれた名詞が、1年くらいで、東京・渋谷で「ザビってる」に動詞化していようとは……。

言葉は絶えず変化するものではありますが、こちらの頭部も絶えず変化しています。
櫛入れて　ザビってるって　つぶやくや　新語の変化　身にしみる夏
ハーイ、これからテレビニュース本番です。

（2009・11・5）

◆秋の旅から帰国

旅から帰って参りました。

28人のお客さまと同行した、ＲＫＫメモリアルツアー「ドイツロマンチック街道とチェコ・オーストリアの旅」。

訪れた中欧各地は黄葉の季節でした。そんなに冷え込むこともなく、ことごとくお天気に恵まれました。熊本市の姉妹都市＝ドイツ最古の大学のある古都ハイデルベルク、中世の宝石といわれるローテンブルクは、話にたがわず美しく、ノイシュバンシュタイン城は、真っ青な秋空に尖塔が高くそびえていました。

そのあと中央ヨーロッパ、チェコ・オーストリアへ。北のローマと称されるプラハも音楽の都ウィーンも素敵でした。

心配された新型インフルエンザの罹患もなく、全員無事帰国してホッとしました。

しかし、ホッとしたのは束の間。

帰国してすぐさま待っていたのは、11月3日、熊本県体育協会のトークショーの司会の大役でした。熊本未来国体からちょうど節目の10年ということで、「スポーツ王国熊本、過去・現

在・未来」というタイトルで、当時、最終炬火ランナーを務めた、陸上競技の末續慎吾さん、総合開会式で選手宣誓を行った柔道の二宮美穂さん、旗手のハンドボールの魚住和彦さん、それに、2冠を達成し、通算13年国体連続出場、ミスター国体と言われるカヌー・ワイルドウォーターの大瀬修平さん、この4人をゲストにトークショーが展開されました。

陸上競技の末續慎吾さんは、ミズノ所属、現在熊本で充電中。ハンドボールの魚住和彦さんは、日本代表で活躍したあと、今は天草市本町中学校の先生。カヌー・ワイルドウォーターの大瀬修平さんは、球磨工業高校の先生。

それぞれが、国体の思い出、この10年を振り返り、これからを語ってくれました。とりわけ、紅一点、柔道の二宮美穂さんの10年は、まさに波瀾万丈。なにも包み隠そうともせず、淡々と事実を語るとき、会場は水を打ったようになりました。

「29歳のとき、柔道コーチ派遣でキューバを訪れ、帰国したら懐妊が分かりました。お相手は、キューバの人。日本で出産して、『波琉』と名づけた男の子を女手一つで育てて、もうすぐ4歳になります。その息子にお母さんは『柔道の選手』だったことを覚えておいて欲しいから、東京で働きながら、夜は、母校の日本体育大学の道場で稽古している日々です。柔道が好きなのです」

中学生の彼女を取材したときと同じく真っ赤なほっぺの美穂スマイルで語る姿に、肥後の女性の芯の強さを感じました。

アスリートの、昨日、今日、明日の軌跡の重みに旅の時差ぼけも一遍に吹っ飛んでしまったおとといの夜でした。

◆深夜食堂に思う

（2009・12・21）

毎日放送・TBS系でこの秋話題になったドラマ「深夜食堂」が、ただ今、RKKテレビで放送中です。12月18日（金）から24日まで5回に分けて、全10話を一挙に放送です。

これは、安倍夜郎《あべやろう》原作の漫画「深夜食堂」が連続テレビドラマ化されたもので、10月度の月間ギャラクシー賞を受賞した番組です。

舞台は、一軒のめしや。営業時間は深夜零時から朝の7時頃まで。メニューは豚汁定食、ビール、酒、焼酎、それだけ。あとは、勝手に注文してくれりゃ、出来るものならなんでも作るというのが営業方針（やりかた）。暖簾には「めしや」、ちょうちんには「めし」としか書かれていない。人呼んで「深夜食堂」。繁華街の片隅の、深夜しかやっていない小さなめしやで繰り広げられる、主人と客たちの交流を描く作品です。

すでに、先週の金曜日、第1話「赤いウインナーと卵焼き」と第2話「猫まんま」が、放送されましたが、小林薫演じる、一見こわもての食堂の主人が独特の存在感を醸し出していました。その第1話と第2話の放送を見ていて、私事の感懐で誠に恐縮ですが、既視感とでも言うのでしょうか、この雰囲気の店は、熊本にもあったぞと思いました。

それは、九州新幹線開通に伴う熊本駅前再開発、区画整理によって、立ち退きを余儀なくされた駅周辺の名物店のひとつ「駅前花屋」食堂です。24時間年中無休の名物食堂で、60年間多くの人に愛されてきました。

24時間の営業ですから、「深夜食堂」より、もっと時間帯によって客層が変わる、まるで人生の交差点みたいな店でした。そんな雰囲気に魅せられたのでしょう、シスメックス女子陸上競技部、藤田信之監督も常連でした。

私も不規則なアナウンサー生活で、長い間早朝のむぎとろ貝汁定食や、昼のオムライス、深夜のちゃんぽんなどお世話になった思い出があります。

昭和が匂うこの食堂は、惜しまれながら2007年の11月に一旦閉店となりました。その後、駅前の大通りから一歩入ったところに、新生「駅前花屋」がオープンしましたが、いかんせん、現在、深夜零時以降の営業はなくなっています。

だから余計に、立ち退く前の「花屋食堂」とテレビの「深夜食堂」とがダブって見え、懐旧の情にかられたのでしょう。そういえば「花屋食堂」のご主人と、小林薫演じる「深夜食堂」の主人公とは、ひげが濃く恰幅がいい、ひげが薄く痩せ型という違いはありますが、存在感、持ち味がよく似ています。

懐かしくなり、「駅前花屋」食堂のご主人田尻良二さんに「お元気ですか」と電話したら、とっくに「深夜食堂」のことは原作マンガで知っていました。架空の「深夜食堂」と実在の「花屋食堂」ですが、業界筋、通じるものがあるのでしょう。第1回の放送を見た良二さんの奥さん、眞理子さんは、「昔の花屋そっくりの人間模様です」と感慨深げでした。

ドラマ「深夜食堂」は、RKKテレビで、今夜、つまり、21日（月）午後11時44分から第3話「お茶漬け」第4話「ポテトサラダ」22日（火）深夜零時04分から第5話「バターライス」第6話「カツ丼」23日（水）深夜零時04分から第7話「タマゴサンド」第8話「ソース焼きそば」24日（木）午後11時44分から第9話「アジの開き」第10話「ラーメン」、2話ずつまとめての放送です。

ドラマ「深夜食堂」のキャッチフレーズは、「心の小腹を満たす、おかしくて、ホロリとして、癖になる物語」。深夜に「深夜食堂」いかがでしょう。

番組冒頭流れる鈴木常吉の歌「思ひ出」が、すぐさま深夜食堂の世界に誘ってくれます。

注　ギャラクシー賞＝日本の放送文化の質的な向上を願い、優秀番組、個人、団体を顕彰するために1963年に放送批評懇談会によって創設された賞。

◆深夜食堂に思うその2

（2010・1・8）


年末のRKKテレビで5夜にわたり一挙放送があったドラマ「深夜食堂」は反響が大きく、新年を迎えても、「あれは良かった」と好評をいただいています。

舞台は、繁華街の片隅で、深夜しかやっていない一軒の小さなめしや。その「深夜食堂」で繰り広げられる、小林薫演じる一見わけあり、こわもての主人と様々な客たちとの交流を描くドラマです。

原作は、安倍夜郎の漫画「深夜食堂」ですが、昨秋、MBS・TBS系で連続テレビドラマ化されたことは、12月21日の「アナウンサー日記」に書いたとおりです。

その番組の冒頭流れる挿入歌が耳に残っています。

調べてみれば、鈴木常吉氏が唄う「思ひ出」。もともとは「Pretty girl milking a cow」というアイルランド民謡なんだそうですが、鈴木常吉氏の詩が泣かせ、哀愁を帯びた歌声がドラマ導入部のスパイスになっていました。

鈴木常吉氏は、イカテン＝「いかすバンド天国」からデビューした、「セメントミキサーズ」の一員だったのですが、現在はソロ活動中。「ぜいご」というCDを出し、その中に「思ひ出」が収録されています。

そこで、是が非でもそのCDが欲しくなり、暮れに鈴木氏本人にEメールし注文しました。

そうしたら、注文ありがとうの鈴木氏の返信に、「『アナ日記』読みました。僕の所にも、たくさんメールをいただくのですが、それぞれ自分の「深夜食堂」のようなものをもっているようです。人との多少の触れ合いのなかで、なんとかまた生活を続けている、そんな人が多くいるようです」とのコメントがありました。

それぞれ自分の「深夜食堂」のようなものとは、心のシェルターみたいな存在でしょうか。

私事で恐縮ですが、終末医療でホスピスにいた十歳違いの義姉が、新年早々他界しました。

残り少ない生の時間を宣告されながら、普段通りの振舞いで、命と向き合い、運命を見つめ、周囲に感謝しながら人生を畳んで行きました。その姿と「思ひ出」が重なります。

君が吐いた白い息が
今ゆっくり風に乗って

空に浮かぶ雲の中に
少しずつ消えてゆく

遠く高い空の中で
手を伸ばす白い雲
君が吐いた白い息を吸って
ぽっかりと浮かんでる

ずっと昔の事のようだね
川面の上を
雲が流れる

送られてきたＣＤの歌声が、やけに身にしみる２０１０年の年頭です。

追　ＴＶドラマ「深夜食堂」のＤＶＤが今春発売の予定です。

◆2010スポーツフォーラム（2010・1・30）

1月26日の「熊本日日新聞」のスポーツ紙面に、県内スポーツ文化振興図ろうという大きな見出しで、「スポーツフォーラムinくまもと2010」の案内が載っていました。

これは、県内スポーツ文化の振興を目的に「ロアッソ熊本をJ1へ」県民運動本部が主催し、熊本県サッカー協会共催のフォーラムで、2月27日（土）午後1時半から熊本学園大学高橋守雄記念ホールで行われます（高橋守雄記念ホールは、あの海老原喜之助の「蝶」の壁画があるところです）。

当日は、日本サッカー協会の田嶋幸三専務理事の基調講演のあと、どうしたらスポーツを通じて、熊本の地域づくり、街おこしを行い、県民に元気を！　熊本に活力を！　子供達に夢を生み出すことが出来るか、熊本にゆかりの4人のアスリートによるパネルディスカッションが予定されています。

その顔ぶれは、ロアッソ熊本の藤田俊哉。柔道66キロ級で五輪2連覇中の内柴正人（旭化成）。北京五輪陸上400メートルリレー銅メダルの末續慎吾（ミズノ）。野球クラブチーム「茨城ゴールデンゴールズ」の片岡安祐美。以上の4選手です。

問題は、この錚々たるメンバーによるパネルディスカッション、コーディネーターに指名されたのが、この私なのであります……。

責任重大！

ただ今、どういう展開にしたらいいのか、構想を練っているところですが、内輪話に終始してもいけませんし、
熊本弁でいう四股倒れ…勢いだけ、腰くだけでも……。

　思考倒れ…考え過ぎ、準備だけで終わっても……。

　趣向倒れ…趣向を凝らし過ぎてもいけませんし……。

こんな時、思い浮かべるのは、「凝らずシコラズ」という恩師の言葉。肩に力入れず自然体で臨むことを念頭に、4人の選手から有意義な話が聞けるよう準備中です。

このフォーラム、入場は無料です。今、県内に在住か勤務している500人の来場者を募集中です。

詳しいことは、「ロアッソ熊本をJ1へ」県民運動本部事務局、スポーツフォーラム係まで。

ロアッソ熊本のホームページにも案内がありますよ。

あーでネーたい、そうでネーたい…思案中……。

とにもかくにも、こーでネーたーがんばります！

（あらら……まだ、京都行＝シスメックス・藤田監督の藤田節の影響が、あかん）

◆2010スポーツフォーラム終了

（2010・3・5）

「あーでネーたい、そうでネーたい……思案中」「とにもかくにも、こーでネーたーがんばります」と1月の終わりの「アナウンサー日記」に書いた、「スポーツフォーラムinくまもと2010」のパネルディスカッションは、2月27日、盛況のうちに無事終了しました。

これは、県内スポーツの振興を目的に「ロアッソ熊本をJ1へ」県民運動推進本部が主催したフォーラムで、日本サッカー協会の田嶋幸三専務理事の基調講演のあと、どうしたらスポーツを通じて、熊本の地域づくり、元気づくりができるか、「スポーツが育む熊本の力」と題した4人のアスリートによるパネルディスカッションのコーディネーターを担当しました。

パネルディスカッションの顔ぶれは、柔道66キロ級で五輪2連覇中の旭化成の内柴正人選手、北京五輪陸上400メートルリレー銅メダリスト、ミズノの末續慎吾選手、野球クラブチーム「茨城ゴールデンゴールズ」の片岡安祐美選手、ロアッソ熊本MFの藤田俊哉選手、以上の4選手でした。

競技種目は違えども、さすが、ひとつの道を更に究めんと現役最前線で活躍する皆さん、それぞれ初対面なのに控え室の顔合わせから、華やかで和やかな雰囲気でした。

片岡安祐美さんが持ち前の笑顔を伴ったコミュニケーション能力発揮すれば、末續慎吾、内柴正人両氏は、すぐに旧知の間柄のように打ち解け話を弾ませ、4人の中で年長の藤田俊哉さんが、タイミングよく合いの手を入れるという具合……。

コーディネーターとしては、これが、舞台本番でも続いて欲しいと思いました。

果たして……そう……。

パネルディスカッションは、控え室以上に盛り上がりました。

4人とも、

○そのスポーツとの出会い。

○なぜ、そのスポーツが好きになったのか…その魅力。

○環境と指導者とのめぐりあい。

○どうしたら、スポーツを通して地域おこし、元気づくりができるのか。

○それぞれの夢と熊本へのエール。

これらのことを、自分の言葉で率直に熱く熱く語ってくれました。こちらは「もうコーディネーターは要りませんよね」と、何回も茶々入れたくらいです。あっという間に1時間20分の持ち時間が過ぎました。4人は、半日でたちまち仲良しになりました。これもスポーツの持つさわやかな良さなのでしょう。

スポーツという言葉を繙けば、語源はラテン語だそうです。ラテン語で、スポーツは、「ディス・ポルト」ポルトは、英語でポート＝港。

つまり、日々の暮らしの陸から離れ、日常から解放されて、港から船出をする。舟で遊び、浩然の気を養うという意味でしょうか。

このように、スポーツのもともとの意味が、「ディス・ポルト」であるとするならば、私たち、それぞれがスポーツを通して英気を養い、この熊本で、元気を！　活力を！　夢を生み出していけると思います。

そのためには、単にスポーツフォーラムでの話だけで終わらせることなく、ロアッソ熊本を一つの核とした、熊本県独自のスポーツのムーブメントを起こして行きたいものです。

さて、そのロアッソ熊本、今シーズンの開幕戦が、明後日に迫ってきました。今年のロアッソ熊本ホームゲームのスタジアムＤＪは、去年までＧＫとして活躍した小林弘記さんです。

引退後、アカデミースタッフ兼アンバサダーに就任した小林さんの肩書きにスタジアムＤＪが加わりました。誰が名づけたのか、「ＤＪコバ」。ロアッソ熊本から、「ＤＪコバ」教育係を要請されたのは、誰あろう……小生でした。

持ち前の陽気なキャラクターとともに熱心な「ＤＪコバ」は、連日、ＲＫＫにやってきて、発声練習、選手紹介の猛特訓。旺盛な向上心のある人の上達は早いものです。めきめきと才能が開花しました。

先日、ＲＫＫ夕方いちばん、ロアッソコーナーにゲスト出演した「ＤＪコバ」は、「開幕戦は、皆さん観戦ではなく、参戦してください」と洒落たアドリブを効かせ、周囲をビックリさせました。

こちらは、３月７日、ロアッソ熊本ＶＳジェフユナイッテド千葉の開幕戦、ロアッソ熊本の勝利とともに、「ＤＪコバ」のＫＫウィングデビューを心待ちにしています。

陸上競技日記

◆九重トンボとり夏合宿（2006・8・4）

個人的実感で恐縮ですが、夏はとりわけ忙しく感じます。忙しいのは、いつものことなのですが……高校野球に、インターハイ、激励しなければならないところがたくさんあります。

加えて、夏休みの合宿や研修会への挨拶、参加も公私共々相当な数にのぼります。それも、国語の先生の朗読勉強会、中学生の生徒会連絡協議会の夏季キャンプから、母衢サッカー部の合宿まで、文化会系から体育会系まで幅があって様々です。

そんな中、先日は大分県九重町まで、陸上競技合宿への差し入れに行ってきました。毎年恒例となっている熊本県中学校陸上競技部有志の合同合宿ですが、長年親しくお付き合いさせていただいている関係上、欠礼するわけにはいきません。とんぼ返りの陣中見舞いの積もりでしたが、ミイラとりがミイラに……いや、とんぼ返りどころか、トンボとりに夢中になってしまいました。

というのも、合宿を指導されているある先生の奥様が入院中とのことで、４歳になる息子、ユキヒコくんを面倒見るために一緒に連れて来ていました。

父親が選手を指導する練習の最中、独りユキヒコくんは、捕虫網を手にトンボとりに夢中です。それを見て、こちらも、昔トンボとり少年だったデオキシリボ核酸が呼び覚まされました。捕虫網の握り方、とんぼを捕まえたとき、すぐに網の中に手を入れると逃げられるので、網の外側から、あらかじめ、とんぼの羽を摑んでおけば確実に捕れる技などをコーチしました。出会ったばかりなのに、4歳の少年と、とんぼとりで、心の交流が深まりました。とうとう、こちらも少年に戻って、アキあかね、ミヤマアキあかね、おおしおからトンボ、夢中で追っかけていました。

そんなこんなで日が暮れて……合宿練習の挨拶、応援、差し入れに行ったのに……。とうてい、とんぼ返りなど出来るわけはなく、その夜の合宿所でのお酒のおいしかったこと。こんなのを、正真正銘「極楽蜻蛉」というのでしょうな。

とんぼつり今日はどこまで行ったやら　加賀の千代

そうそう、自分で勝手に予定変更するから、余計に忙しいのよね……。

おまけに、その合宿のブログには、「年齢をあわせると還暦の二人です」と冷やかされて仲むつまじい写真まで載せられてしまいました。

これも夏の絵日記でしょう……。しかし、冷静になれば、もうすぐ、二人の年齢あわせなくても還暦なんですなあ……。

でも、幾つになっても「トンボとりの心躍り」忘れたくないものです。

◆エアポケットの声

（2002・2・17）

熊日30キロロードレースは、熊本・鎮西高校出身で駒澤大学の松下龍治選手が、1時間30分04秒の日本学生最高タイムで優勝しました。学生の優勝は18年ぶりです。

RKKでは、ラジオ・テレビでこの模様を放送しましたが、優勝争いが、中大・藤原、旭化成・山本と松下に絞られたレース後半のヤマ場で、ラジオの実況放送の集音に「絶対負けるな！　負けたらいかん！」という沿道からの気合いの入った大きな声が入ってきました。

ラジオ実況の本田史郎アナは、すかさず、「今の声は、鎮西高校・恩師の楢木野監督です」とフォローしてくれ、音の世界の臨場感がふくらみました。当然、スポーツの世界、勝ち負けを争っているわけですが、同点で延長戦になったり、今日のレースのように終盤までもつれたりすると、とかくメンタル面で「勝負はともかく、自分もいい試合やってるな」などと、客観的になる、精神のエアポケットに陥りがちな瞬間があるものです。

そんな時、我に返るキッカケは様々でしょうが、今日の松下選手には、勝負どころでの恩師の声は、まさに「天の声」だったことでしょう。それも、単なる「がんばれ」ではなく、「絶対に負けてはならん」という具体的メッセージです。

もちろん、その声だけで優勝できたわけではありませんが、ラジオでレースを聞いていた者にとって、優勝を予感させる「効果音」ともなりました。恩師と選手の結びつき……去年の雪辱……意地……、さらなる成長を願う愛弟子への熱き思い、勝負へのこだわり、アテネへの夢……。いろんなものが、あの一言に凝縮されていたような気がします。

マラソンへの登竜門と言われる熊日30キロ、ラジオから龍治の龍が勢いよく飛び出したような切れ味のいいラストスパートでの初優勝。ラジオの音の世界のひろがりを堪能した一日でした。するスポーツも、見るスポーツもいいけれど、「いやあ皆さん！　聞くスポーツも、いいものですね」。熊本の陸上競技ファンのひとりとして、これを自信に、どうか松下選手、もっともっと成長していって欲しいと思います。

また、熊本在住者で最高の10位に入ったＮＥＣ九州の原田祐治選手に敢闘賞が贈られました。今年の30キロも収穫の多い大会になりました。

関係者のみなさんもお疲れ様でした。

◆野口金秘話

（2004・8・31）

8月も終わりです。夏休みも……。そうそうアテネ五輪も終わってしまいましたね。祭りのあとは寂しいものです。だけど、閉会のあとも、感動の再現、いろいろと五輪総集編やドキュメントが放送されています。

女子マラソンの野口みずき選手の金メダルの快走もよく登場します。その中でレース終盤パナシナイコスタジアムで待つ藤田監督に携帯電話がかかるシーンがあります。２位ヌデレバとの差が依然として12秒という情報……。かけたのは氷川中学の村上昌史先生。私の友人なのですが、アテネの野口サポートスタッフができないことを、熊本の藤田スタッフがカバーして熊本ーアテネの国際電話で1位と2位の差をテレビで計り逐次、生きた情報を藤田監督に送り続けていたのです。

藤田監督とは、熊本で開催された全国中学校駅伝大会の解説をお願いして以来、私も、この10年間、大変親しくさせてもらっていますが、洒落もうまく気さくな藤田監督の人柄に惹かれ、熊本の藤田監督を囲む応援団は、陸上競技界と言わず水泳界も含め大勢います。

藤田監督が信頼を寄せる、そのうちの1人、村上先生の情報収集が、金メダルを陰で支えていた……。総集編ドキュメントで、パナシナイコの携帯電話シーンが登場するたびに、テレビの前で、誰に言うわけでもなく、「この電話は、熊本からだぞ」って、一人つぶやき、こちらがアテネに電話したわけでもないのに何やら誇らしげになっている自分がいます。

（2004・9・15）

◆増田明美さんDOがくもん

先日熊本学園大学で開催された公開講座「DOがくもん」でスポーツジャーナリストの増田明美さんの講演があり、出かけました。

増田さんとはRKK女子駅伝の解説をお願いして以来、親しくさせてもらっています。久しぶりの来熊でした。講演前に声をかけるとお邪魔かもしれないとこっそりと講堂に入りました。増田さんは、アテネ五輪女子マラソンのラジオの解説を担当しましたが、その体験を踏まえて「夢を走り続ける女たち」と題しての講演でした。その中で、女子マラソン野口みずき選手の金メダルの快走について触れ、藤田監督の緻密な計算で、他の外国選手とは違って、何度もコースの下見、試走を重ね、事前の暑さ対策、特製サングラスの西日光線対策、魔法瓶メーカー特注の給水対策など万全の態勢を整えていたことを紹介しました。

藤田監督が常々語る「スタートラインに、限りなくベストの状態で立たせるまでが指導者の仕事！　それから先は選手や！　それまで積み重ねてきたトレーニングの成果を出しきれば自ずと結果はついてくる」という言葉と符合していました。そして「強い心、意思を持った選手が勝った」と総括した上で、自らの経験に照らしながらスポーツには「言葉」が必要なことを強調しました。

選手の気持ちにスッと入る、元気を奮い立たせる指導者の言葉が、選手をはぐくむというのです。言葉の世界に生きる者にとっても示唆深い話しでした。

講演の後、短く挨拶し、お土産の球磨焼酎を手渡して、辞去したら、その夜東京に帰った増田さんからお疲れのところだったでしょうに、わざわざ電話がありました。思いがけない15分の長い電話の中で「ありがとう」が何回も何回も繰り返されます。焼酎一瓶でこちらが恐縮しましたが、誠実な増田さんを象徴するような「ありがとう」のリフレインが続きました。

ひとつの言葉でけんかして
ひとつの言葉で仲直り

ひとつの言葉でおじぎして
ひとつの言葉で泣かされた
ひとつの言葉はそれぞれに
ひとつの心を持っている……

「言葉」には不思議なちからがありますよね。「ありがとう」のやさしい響きで、いい話しを伺ったその日がより一層心がふんわりとした一日となりました。

◆増田明美さんのパーティー

（2005・6・3）

5月30日、東京・帝国ホテルでの増田明美さんの結婚披露の会に招かれ出席しました。

1993年のRKK女子駅伝の解説をお願いして以来のお付き合いですが、まさかローカル放送アナウンサーの私にまで結婚披露の会の招待状が届くとは驚きでした。招待状の文面には、「四十路の花婿・花嫁を冷やかしに来てください！」とありました。なんとか、万障繰り合わせて上京しました。

昨年12月が初デートで2月に電撃婚姻届提出という結婚までの時間の早かったこと……。新郎は、木脇祐二さん。フィナンシャルプランナーで宮崎出身と新聞報道にありますが、実は、高校時代は熊本の人、熊本高校に学び、うんばば中尾さんと仲良しだったそうです。ふたりとも、少なからず熊本に縁《ゆかり》があったとは。

200人を越す会場、案内されたのは、なんと増田さんの友人の席……。振り向けば、となりのテーブルには、黛まどかさん、瀬古利彦さん、高橋尚子さん、小倉智昭さんが座っているではありませんか。こりゃ大変なところに来たぞと内心つぶやきましたが、そんな不安はすぐ消えました。

結婚披露の会と銘打ってあるように、世間一般の披露宴とは趣が違ったのです。媒酌人も、ウェディングケーキ入刀も、キャンドルサービスもなく、司会は、先発＝永六輔さん、リリーフ小倉智昭さんで、壇上に色んな人たちが上がって、格式ばらずお祝いトークを展開するのです。

まず、衆議院議長で日本陸連会長の河野洋平さんが、笑顔で〝ホームメーカー〟について堅苦しくなくしゃれた解説を披露して会場をなごませてくれました。「それは、世界で一番創造的な仕事……味覚、ファッション、装飾、レクリエーション、教育、運輸、心理学、ロマンス、……中略……近所づきあい、もてなし、保守……」なんのこっちゃと思って聞いていると、主婦業の内訳で、増田さん、陸連初の女性理事のあなたなら、きっと出来ると結びました。

俳人の黛まどかさんが友人代表で挨拶。「短い言葉で（五七五）で表現するのに慣れているはずなのに、話が長い」と、司会の永六輔さんに突っ込まれて会場の笑いを誘いましたが、さすが俳人、話が面白くて長くは感じませんでした。

小豆島の大森喜代治さんは、文通友達で、「二十四の瞳」の分教場の児童だったそうで、78歳とは思えない声の張りで祝辞を述べ、オリーブの冠を新郎新婦に贈りました。

瀬古利彦監督は「女瀬古（増田さんはかつて、こう呼ばれていました）が、瀬古がとれて女になった」と、ユーモアたっぷりに話し、高橋尚子選手は「独身女性として目標としていましたが、私も恋愛したい」と、大いに刺激を受けた様子でした。

そうそう、野口みずき選手からの祝電なども紹介されました。

そして、キューピッド役のサンプラザ中野さんが登場し「二人は、それぞれランナー！　一人は、マラソン・ランナー。もう一人は、フィナンシャル・プ・ランナー」と笑わせ「ランナー」を魂込めて歌い上げました。その「ランナー」のメロディーラインや柳美里さんのスマートなスピーチなど、あのときのいろいろなシーンが熊本に帰ってからも、よみがえってきます。

それほど、結婚披露の会が、座が乱れることもなく、ほのぼのとしていて、なおかつ、ゲストトークがおしゃれで洗練されていました。

限られた時間に、何を話すか……。お祝いとともに大いに勉強になった東京の夜でした。それにしても、冷やかすどころか、ゲストに何言われてもニコニコしている御両人には、当てられっぱなしでした。

すでに増田さんの大好きな小豆島に「プチ新婚旅行」したという二人でしたが、今度は、折りを見て、共通の縁の地＝熊本にも来て欲しいと思っています。

◆第35回RKK女子駅伝増田木脇夫妻

（2006・2・13）

この前の土曜日、第35回RKK女子駅伝競走大会は、一般、高校、中学合わせて263チームの参加があり、盛況の内に終了しましたが、RKKテレビの解説をお願いした増田明美さんも、節目の35回大会記念の炬火リレーの伴走も務めるなど、大会を大いに盛り上げてくれました。

増田明美さんとは、1993年の第22回大会の解説をお願いして以来のお付き合いですが、今回は、これまでのRKK女子駅伝の解説の時より、幸せのオーラが強く強く感じられました。それもそのはずです。増田さんは去年の2月8日に婚姻届して新婚1周年を祝ったばかりでの来熊で、しかも、マネージャー役として夫の木脇祐二さんがぴったりと寄り添っています。寒いKKウィングが、熱く感じられました。

松野明美さん・増田明美さん

この木脇さん、去年の6月3日の「アナウンサー日記」にも書いたとおり、宮崎出身のファイナンシャルプランナーと報道されていますが、実は、小中学校、高校は、熊本育ちです。

今回、帝国ホテルに招かれた披露宴以来、2度目の対面でしたが、柔和な人懐っこい人柄で故郷に帰った解放感なのか、熊本弁がポンポン飛び出してきました。「いきなり団子は、ビプレス会館が建つ前の上通り入り口の店のがなつかしかあ」とか、「夏は、○○饅頭のコバルトブルーのカキ氷がよっかたですばい」とか……壷川小学校、京陵中学校、熊本高校時代の思い出話が次から次に出てきます。

仲間とバンド活動やっていたことや、自転車で菊地渓谷にツーリングに行っていたことも保存していた記憶の冷凍冷蔵庫からとりだして、解凍したてのように話します。こちらも、思わず身を乗り出して、「まさか菊地渓谷にママチャリでは行けませんよね」と合の手を入れると「壷川小学校そばの自転車屋のおじさんに組み立ててもらった特製車でした。

あのおじさん今も元気かなあ」としみじみ語ります。なんと、よく聞けば、ＲＫＫ高校野球解説でおなじみ工士哲生さんのお父さんのことと分かり、こちらも存じ上げている人が話に登場し、男同士の会話に更に弾みがつきました。どうやら、熊本に今回来るのをより楽しみにしていたのは、増田さんより夫の木脇さんだったのかもしれません。

しかし、木脇さんの名刺には、増田明美秘書とあるように、増田さんをどんな場面でも立てて、自分は脇役に徹している気配りが感じられます。そうそう、ＲＫＫ女子駅伝中継の後、時間のある限り案内した菊鹿温泉や八千代座やすっぽん料理屋でも、やさしくやさしくさりげなく木脇さんがエスコート

していました。増田さんは、木脇さんといると、とても呼吸が楽そうでした。

「四十にして惑わず」と言いますが、惑わず結婚したお二人、これで、一昨年12月初デートで、去年2月電撃婚姻届提出の訳が分かったような気がします。

RKK女子駅伝の翌日、東京に帰った二人から電話が入りました。「熊本は、気持ちが落ち着きますバイ。なごみました。来年もよろしく!」「こちらこそ、RKK女子駅伝参加のみなさんとともにお待ちしておりますけん」。

相手が東京に居ようと、熊本弁が通じる会話は、やっぱ、よかです。

（2007・8・20）

◇増田明美カゼヲキル

先日の熊日夕刊の「増田明美のおしゃべり散歩道」でも話題になっていましたが、RKK女子駅伝やマラソン解説でおなじみ、スポーツライターの増田明美さんが初めての小説を書きました。タイトルは『カゼヲキル』。

ついこの前、出版元の講談社からこの本が送られてきました。突然、出版社から、ダイレクトで送られてきたので、びっくりして、挨拶状添えてくれた講談社の担当長岡香織さんに御礼の電話をかけました。そうしたら著者の増田さんから「送ってください」との要望があったとのこと。私ごとき者までと恐縮したのですが、結果、思いがけない光栄に浴した格好です。

一気に読みました。『カゼヲキル①助走』の主人公は山根美岬。タータンのトラックも走ったことのない田舎の中学2年生です。その少女が、才能豊かなライバルと出会い、陸上競技を通して成長していく過程が描かれています。

増田さんにも電話しました。「自分自身がモデルですか」と問えば、「そうではないのよ」ときっぱり否定されました。しかし、豊かな表現の文章随所に、増田さんの育った土地の香りがします。

「にぎやかな夕食を終えた美岬は池の水音に誘われるように庭に出た。夜風がスモモや柿の木、蓮《ハス》の葉っぱなどいろんな香りを運んでくる。手を伸ばせば届きそうなくらい星が近い」

普通、蓮の葉っぱの匂いなんか知らないですよね……。

タイトルがユニークです。『カゼヲキル』何故、カタカナにしたのか？　カゼヲキルのキルは、風を切ると風を着る（まとう）という両義性を持たせ、カタカナの持つ緊張感を生かしたかったからだそうです。

オリンピアン＝実体験者ならではのリアルな仕上がりとなっている『カゼヲキル』。

相変わらず、猛暑の熊本ですが、読後、カゼヲキルように走りたくなっている私がいます。

カゼヲキル②激走③疾走、続編の刊行が待たれます。

◆平井徳一監督V

（2004・12・21）

有終の美という言葉があります。広辞苑には「最後までやり通し立派な成績をあげること」と載っています。

19日（日）に千葉・昭和の森で行なわれた第12回全国中学校駅伝競走大会女子総合の部で松橋中学校が初優勝を飾りました。熊本県勢初めての中学駅伝日本一です。

その指導にあたった平井徳一監督にとって、今年は、特別に思い入れのある大会でした。それは、来年3月で教職の定年を迎えるわけで、教職員生活35年の最後の全国大会だったからです。それを知る陸上競技仲間は、「最後の年に優勝を」の願いを込めて「２００４夢」と胸に大書した特製のTシャツを作り、それを着込み、この大会に臨みました。そして文字通りの悲願達成、ものの見事に優勝です。すばらしいラストイヤーになりました。

しかし、ここまでを振り返ると決して平坦な35年の教師人生ではありませんでした。平井監督は、過去ハンドボールでは全国制覇したものの、こと駅伝では、何度も日本一に手が届きそうなのに、準優勝に甘んじる成績が続きました。とりわけ、熊本で開催された10年前の第2回大会では、兵庫・陵南とのマッチレースで1秒差の2位。去年は、井沢良菜選手（現・有明高校）ら強力メンバーを擁しながら2秒差で優勝に手が届きませんでした。

その時、来年このチーム以上の選手が育つだろうかと外野席では、ささやかれたものです。イヤと言うほど優勝することの難しさを知ることになった平井監督。しかし、指導する情熱にいささかの衰えもありませんでした。

アテネ五輪金メダリスト・野口みずき選手を育てたグローバリーの藤田信之監督とは、永年の親交があり、いろいろと指導のヒントを得ながら、平井流のきめこまかい中にユーモアあふれる選手育成法をさらに発展させました。

秋岡汐吏主将はじめ選手たちは、この一年で見違えるようにどんどん成長し、目の輝きを増していきました。先生が最後の年となれば選手にも様々な重圧がかかり、選手のどこかに固さが見られるかなと思ったのですが、杞憂《きゆう》でした。伯楽《はくらく》と言われる監督にも気負いはありませんでした。選手たちは、ガンバレの声を追い風にして、伸び伸びと千葉・昭和の森を駆け抜けました。

きのうのRKKテレビ「ニュースの森くまもと」での平井監督のインタビューが35年の全てを象徴していました。

「あきらめなくて指導してきて良かった……」

最後までやり通すことが、どんなにすばらしいことか、幾多の勝負の厳しさ、悔しさを経験した名将の顔が〝有終の美〟のなんたるかを物語ってしまいました。

なお、この中学駅伝のスポーツドキュメントは、取材にあたった山﨑アナの構成で、RKKテレビ、12月23日（木）の「週刊山崎くん」で放送します。

ぜひご覧下さい。

◆年年歳歳花相似たり……

（2005・3・30）

年年歳歳花相似たり、歳歳年年人同じからず……。

毎年、この季節になると劉廷芝の唐詩の一節を思い浮かべます。

春は、躍動感あふれる出会いの季節ですが、送別のシーンも数多くあります。今年は、特に、教育界・スポーツ指導者の定年退職が印象的な春を迎えました。高校野球、県立第二高時代、井手らっきょをして〝巨人の星の星一徹〟みたいに厳しかったと言わしめ、鹿本高校でも監督を務めた竹熊鉄昭先生。高校バドミントン、陣内貴美子、宮村愛子、亜貴子姉妹、松田治子の五輪選手を育て上げた熊本中央高校の工藤勇参先生。中学ハンドボール、駅伝で、二種目日本一に輝いた松橋中学の平井徳一先生。いずれも取材でお世話になった方々がご退職です。

このうち、10日前、松橋中学の全国中学校駅伝女子優勝と平井徳一監督の定年を祝う会に招かれました。代表発起人が、平井先生と永年親交のあるグローバリー・藤田信之監督。

そして、ゲストに、バルセロナ五輪女子一万メートル、アトランタ五輪女子マラソン日本代表＝真木和さん（現姓山岡）、アテネ五輪女子マラソン金メダリスト・野口みずきさんという豪華な顔ぶれ。教え子、保護者、関係者、参加400人になんなんとする祝宴でしたが、オープニングから御開きまで集った人たちの心が一つになっての盛会となりました。

とりわけ圧巻は、平井先生謝辞のあとのフィナーレの演出でした。登場したのは、金メダリスト・野口みずきさん。赤い五輪日本代表ブレザー姿で還暦の平井先生の新たなスタートの為にと、陸上競技の号砲を打ち鳴らし、万雷の拍手で結びを迎えました。

そして参加者には、藤田監督が「夢走」というタイトルを命名した、平井先生の足跡を記し関係者、教え子たちが思い出を綴った記念誌が贈られました。

藤田監督の序文には「先生は─夢を持ち─夢を想い─夢を追い求める─〝夢人〟の如し。この道に年齢や停年（定年）はありません。必要なのは〝夢〟に向かっていく情熱と気力と体力です。どうか更なる〝夢〟に向かって走り続けてください……─夢走─」と書かれています。

聞けば、会の運びも記念誌編纂も、平井先生を慕う若手の先生方の「走思走愛倶楽部」の皆さんの企画だったとか。80ページにおよぶ記念誌の後記に、編集委員＝井芹中・宮川稔治、氷川中・村上昌史、旭志中・久保敦嗣、山鹿中・神智子、御所浦中・村田浩昭という先生方の名がありました。

平井先生は、ハンドボール、駅伝の選手とともに、県下各地域にわたり、後に続く若手の指導者も育てられたのだなと思いました。

送別の宴の感動の余韻に浸りながら記念誌めくっていると、携帯電話が鳴りました。

「この前は出席ありがとうございました。でもボクもこれで終わりじゃなかっだけん。これからもよろしく！」。いつもの明るく元気な独特の平井節が受話器から響きました。

そうそう、停年……〝夢〟は停まるものではありませんよね。

4月には、名将ゆく春、工藤勇参先生、竹熊鉄昭先生を囲む送別会にも招待されています。それぞれの先生方にも、「夢はつづきますよね！」とエールを送るつもりです。

◆禁煙！ 合縁奇縁ですが……

（2007・2・7）

人生、どこで、誰と、どうめぐり合うのか、人との出会いは、誠に合縁奇縁ですが……。テレビ報道スポーツコーナー、駅伝チームの取材がきっかけで知り合い、もう、かれこれ15年も親しくお付き合い願っている中学校の先生がいます。

その彼は、生徒指導上、また陸上競技の指導者として吸ってはならない立場にいるわけですが、いかんせん、ヘビースモーカー……。いや、なかなかタバコやめられない愛煙家なのです。タバコとの愛煙喜煙……。かつて、ニューヨークの日本人学校の先生として、文部省からアメリカに派遣された経験もあり、禁煙教育も充分に受けているハズなのになかなか、やめられない状況です。

本人いわく「ニューヨークの日本人学校に行く前に、禁煙ガムでやめようとした」そうですが、ガムもタバコも好きになってしまったようです。

帰国して、主治医に禁煙パッチ貼ることをすすめられたのですが、本人いわく「これで失敗したらどうしよう」と思い、貼らず終いだったらしいのです。

そんな中、一昨年、私からは『禁煙セラピー』という本をプレゼントしました。これも、しっかりと読むには読んだのですが、それは単なる読書と煙に巻いてしまう始末……。この本では、危煙が叫ばれているのに……。とうとうセラピーにはなりませんでした。

そして、この1月には、京都のレセプションの会場で、アテネ五輪金メダリスト、シスメックス女子陸上競技部の野口みずき選手からも、「タバコ止めたらどうですか？」と言われたらしく、言われたことを自慢しつつ、タバコとの縁は切れずのまま……愛煙既煙の怪気炎？

そこで、この前、彼が厄晴れを迎え、教え子の保護者が集まり祝宴が開かれた時、彼の口から「厄晴れをいい機会に禁煙します」と禁煙宣言をしてもらいました。

つまり愛煙棄煙、彼の奥さんも大喜びでした。

しかし、禁煙法の本によると、「友人や世間に禁煙を公表するのは、心理的圧迫を加える方法で、あまりよくない」らしいのです……。

ひょっとして、胸騒ぎ……。

もうすでに愛煙帰煙になってはしないかと思い、電話したところ……

「きよさん、それどころではないのです。風邪具合が悪くて…タバコ吸いたい気分なんかじゃないのです」だと……。

本人にとって、今の心境は哀煙忌煙か……。

そうそう、禁煙法の本によると、「禁煙はマラソンではありません。あっという間の短期勝負なのです」とありました。

短期勝負の間、風邪が続けばいいかもしれませんが……。

◆禁煙パッチのその後

（2007・3・9）

2月の7日のアナウンサー日記に、知り合いの中学校の先生が、厄が晴れたのを機に愛煙棄煙を誓い、禁煙にチャレンジしていること書きましたが、あれから早いものでひと月がたちました。

今日のこと、どうしているのだろうか、悶々とした日々を過ごしてはいないのか、ふと気になって、かの先生に電話してみました。そうしたら、心配などどこ吹く風の杞憂でした。

「禁煙は、快調です」と、いつにも増して元気一杯の声が返ってきました。聞けば主治医の指示どおり、禁煙パッチを貼っているとのこと。この禁煙パッチは、ニコチン貼付薬と言うそうで、禁煙を困難にしている離脱症状（タバコが吸いたい、イライラなど）に対し、ニコチンを補充することにより一時的に軽減し、禁煙を容易することを目的とした、いわば貼り薬です。

禁煙ガイドブックによると、これを皮膚に貼ることにより、ニコチンが体内に吸収されるようになっています。禁煙開始から4週間は、直径62ミリ、そのあと2週間は51ミリ、そのあと2週間は36ミリと段々パッチが小さくなっていき、無理なく禁煙ができる仕組みです。これをニコチン置換療法というそうです。

「これを貼っていると、タバコ全く吸いたくないんですよ。ハハハ」と余裕の豪傑笑い。しかし、悩ましいのは、今、貼る場所の皮膚にかゆみが襲ってきていることだそうです。禁煙は皮膚炎のもと？

貼らなければ、禁煙が元の木阿弥になるやも知れず、貼ればかゆみとの戦い……。進退両難とはこのことでしょうか。何とも同情したくなる話ですが、その電話の途中、私に良い考えが浮かびました。

「先生、あなたのお腹は面積大きいので、その大きなお腹に転々と貼ったらいいのでは？」

「きよさん、それが、お腹は皮下脂肪に遮られてか、パッチの効果が出ないのです」

うむ……くくく……。真剣な禁煙運動なのに……、思わず声が笑ってしまった私は不謹慎だったでしょうか……。

せめて、明日、かゆみ止めをプレゼントすることにしましょう。

（2007・6・8）

◆藤田監督とサウナの縁

昨日の「アナウンサー日記」サウナでの出会いが話題になっていましたが、連想ゲーム……。私の場合、サウナといえば、裸と裸のお付き合いといえば、アテネ五輪金メダリスト野口みずき育ての親、シスメックス女子陸上競技部を率いる藤田信之監督の顔がすぐ浮かんできます。いつかの「アナ日記」にも少し触れましたが、藤田監督はサウナが大好きなのです。

藤田監督とは、今から13年前の1994年、熊本城の周回コースで開催された第2回全国中学校駅伝競走大会でテレビの解説をお願いして以来のお付き合いです。普通、ローカル局にやってくる遠来の有名なスポーツ解説者と実況アナウンサーの関係は中継放送の解説が終わると、植木等の歌の文句ではありませんが、「ハイそれまでよ」というケースが多いのですが、藤田監督とは、足掛け14年にわたりお付き合いが続いています。そのきっかけが、「サウナ」でした。

第２回全国中学校駅伝競走大会の放送の解説が終わったあと、藤田監督に「お世話になりました」と、ＲＫＫのロビーでお別れの挨拶をする段になって、京都弁で「君イこれから暇？これからお風呂いかへんか？」と言われました。こちらも、サウナ大好きなものですから、二つ返事でアテンド役の中学校の先生とともに、あつかましくも遠慮なくお供しました。裸と裸のお付き合いとは、良く言ったものです。藤田監督の気さくな人柄に惹かれ、それ以来、熊本においでの際にはいつも声をかけていただき、「汗かき」の有難い御縁をいただいています。

ついこの間も、熊本県高校総体の陸上競技の視察で来熊され、連絡がありました。「いつものサウナや、待ってるで」。

藤田組のサウナ仲間、常連はもうひとり、13年前アテンド役をつとめた中学校の先生です。（そうそう、13年前の初サウナのとき、彼は扁桃腺真っ赤に腫らしていたにもかかわらず、長ーい水風呂にも付き合ってくれましたっけ）藤田監督がつけたニックネームは、ムラカミバサシ。この人も、去年は２８７日サウナに通ったというサウナ好きで、「サウナ日誌」までつけています。

たっぷりと汗かいたあとは、藤田組の総会と称し生ビールが待っています。ユーモアあふれ話し上手の藤田監督、飲むほどに思わず知らず洒落た世界に引き込まれてしまいます。最近、会話の中では、私は、藤田監督から「きよさん」と呼ばれていますが、件のバサシ先生は、「きよさんの持ち物」欲しがる、煽て上手、お強請《ねだ》り上手です。これまで、何本のネクタイが消えたことか……。買ったばかりのベストも……。この日も、値のはる作務衣風の上っ張り着て行ったばっかりに、「きよさん、それはいいですね。もらっていいですか……」とお強請りされました。「バサシ先生は追剝ぎでーす」と、こちらが監督に訴えれば、すかさず藤田監督、「きよさんは、オイハギにあう老いハゲや」と混ぜっ返し、周囲を藤田流の笑いの渦に巻き込んでしまうのです。

また、飲むほどに盛り上がるノブユキ氏は、電話魔でもあります。「こちら京都府警」などと冗談言いながら、あちこちに電話します。「きよさん、君も知り合いの増田明美くんは、何やっとるんやろ、今夜は留守電や」

翌日、増田明美さんから、私にも「昨夜電話に出られなかったこと」を詫びる電話がありましたが、「きよはらさん、藤田監督は、あなたのことキヨピーって言っているのよ。『キヨピー』って響きがいいじゃない」と、電話の向うでケラケラ笑っていました。

「きよさん」でなくても、「キヨピー」であっても「キヨキヨ」であっても、いいのです。サウナに始まる藤田監督と過ごす時間は、いつも陽気で愉快で豊かなのです。会えば、身にしみる言葉をいただき、元気になれる。藤田監督と過ごす時間そのものが「人生の宝物」に思えてなりません。

出会いの不思議、なんたるご縁……。

サウナ万歳！

◆拓大士別合宿差し入れ行

（2007・8・27）

確か、去年の夏のアナウンサー日記も同じような書き出しだったと思うのですが……。

8月も終わりに近づき、振り返れば今年も忙しく感じた夏でした（忙しいのは、いつものことなのですが……）。

高校野球に、インターハイ、激励しなければならないところがたくさんあります。加えて、夏休みの合宿や研修会、イベントへの参加も公私共々相当な数にのぼりました。

つい先日も、とんぼ返りで、北海道は士別まで拓殖大学陸上競技部駅伝チームの合宿に差し入れ持って行きました。

指導にあたっているのが、旧知の間柄の川内勝弘監督。松橋中学出身、福岡ユニバーシアード5千メートル金メダリスト、96年の熊日30キロ4位入賞など瀬古SBで活躍した人物です。その川内監督の下、拓殖大学は、去年の箱根駅伝予選会に臨みましたが、関東インカレポイントを換算した総合タイム合計1秒差で、箱根駅伝本選出場を逃しました。

ご存じのように、箱根駅伝に出場できるのは19校です（これに学連選抜1チーム）。前回大会で10位までの学校にシード権があります。残り9校は予選会で決定されます。選考方法は、各校10名以上12名以下の選手が20キロレースに出場し、上位10位までに入った選手の総合タイムで争われます。その結果、6位までの大学は、すんなり箱根出場となりますが、残りの7位以降の大学は、上位10人の合計タイムから、「関東インカレポイント」で換算された獲得タイムを差し引いた最終総合タイムでの勝負となります。「関東インカレポイント」は、短距離や投擲も含めた成績を元に算出されます。去年の予選会、拓大は上位10人の合計タイムでは7位につけていました。しかし、このポイント制で1秒差の10位となり、箱根は走れませんでした。

去年の予選会のあと、帰熊した川内監督を励ます意味で食事を共にしました。駅伝の予選会になぜ、短距離や投擲の成績が反映するのか……。関東インカレポイント制自体が理不尽と問題となる中、「ルールですから仕方ないです」「1秒差で負けたということで注目を浴びる結果になりましたが、出場して注目されるのが本来の姿ですからね。来年やるしかないです」。

当の監督のきっぱりとした口調に男気を感じました。こちらも飲んだ葡萄酒の後押しの男気で、「よかよか、来年は北海道の合宿でんなんでん行ってやるけん、勝ちゃんがんばりなっせ」。

そして今年8月のはじめ、熊工出身の4年生永野雅裕選手の父親永野昭敏さんから、「去年の約束果たしに一緒に行きましょう。北海道は涼しいですよ」の電話での誘いに、急遽、万障繰り合わせる形での「とんぼ返り差し入れ行」となった次第です。

あれから一年、「1秒」で夢を失ったチームの夏はいかに……。

新千歳空港から道央自動車道、レンタカーで2時間半、200キロ北上したところにある士別《しべつ》。大気全体に冷房が入っていました。選手たちは久野雅浩主将はじめ全員気合が入っていました。

このチームには、熊本出身者も多く、芥川繁（熊工）永野雅裕（熊工）樅木謙雄（多良木）、

西仁史（多良木）の各主力選手に加え、熊本国府出身の森永哲生マネージャーも元気でした。

また、熊工出身1年生谷川智浩選手は、高校時代より成長して即戦力、大人びていました。

「お宮参りして去年の雪辱願うよりもと、ご縁があって士別まで励ましに来ました」

こちらの帳面は消しました。残るは、予選会の帳面です。

世界陸上大阪大会も熱く盛り上がっていますが、一方ではドメスティックレースの準備も進んでいます。

あれから一年、「1秒」のくやしさをバネに夢を追うチームの秋に注目です。

それにしても、とんぼ返りの熊本は、大気全体に暖房が入っているように感じます。


（2007・11・5）

◆拓大帳面消し

「帳面消し」という言葉は、日常よく使うので、てっきり共通語と思っていました。

しかし、広辞苑には載っていません。どうも方言らしいのですが、『こらおもしろか肥後弁辞典』には、「義理だけの務め、形だけしたことにすること」とあります。

いや、厳格に、この「帳面消し」の意味に沿う、義理だけの務めでは決してないのですが、この秋、私の帳面が消えなかった事がありました。

8月、北海道は士別まで拓殖大学陸上競技部駅伝チームの合宿に差し入れ持って行ったこと、「アナ日記」に書きました。

拓殖大学は、去年の箱根駅伝予選会に臨みましたが、関東インカレポイントを換算した総合得点合計1秒差で、箱根駅伝本選出場を逃しました。「関東インカレポイント」は、短距離や投擲も含めた成績を元に算出されます。去年の予選会、拓大は上位10人の合計タイムでは7位につけていました。しかし、このポイント制で計算の結果、なんと1秒差の10位となり、箱根は走れませんでした。拓殖大学の指導にあたっている川内勝弘監督とは旧知の間柄です。松橋中学出身、福岡ユニバーシアード5千《メートル》金メダリスト、96年の熊日30《キロ》4位入賞など瀬古SBで活躍しました。短距離や投擲の成績も含める「関東インカレポイント」は理不尽な制度という意見も聞かれる中、去年の予選会のあと、帰熊した川内監督と食事を共にしました。

そのとき、1秒差の無念、励ます意味で口をついて出た言葉が、「よかよか、来年は北海道の合宿でんなんでん行ってやるけん、勝ちゃんがんばりなっせ」。

あれから一年……。「1秒」で夢を失ったチームの動向が気になって仕方がありませんでした。義理だけの務めではなく、「お宮参りして去年の雪辱願うよりもと、ご縁があって士別まで差し入れに来ました」と熊本県出身者も多い選手たちを現地で励ましました。

こちらの合宿訪問約束の帳面は消しました。残るは、予選会の帳面を消すだけだったのです。あれから一年、「1秒」のくやしさをバネに夢を追うチームの秋に注目していました……。

その秋が巡ってきました。箱根駅伝の予選会の応援に行って、拓大が9位以内に入って本選出場を決め、川内監督を胴上げして帰ってくるつもりでした。

しかし、スポーツの世界、こちらが思い描くイメージと、やりきれない現実のダメージは、天と地の開きがあるものです。

秋晴れの東京立川・国営昭和記念公園での予選会……。拓殖大学の成績は、12位。9位までしか箱根の本選には出場できない現実。持ちタイムでは、十分、上位にランクされる力だったのに……。勝負は、ふたを開けないと、やってみないと分からないものです。

去年の一秒差が、かえって見えない重圧になっていたのでしょうか。

かくして、帳面が消えないままになってしまいました。キャリーオーバー……繰越し……。

ふと、永六輔さんの言葉を思い出しました。

「生きるということは、誰かに借りをつくること。生きていくということは、その借りを返していくこと」

川内拓大が借りを返すまで、こちらも義理人情の帳面の世界で生きていくつもりです。

◆サヨナラ駅前花屋こんにちは新生花屋

（2007・12・21）

九州新幹線全線開通まであと3年余りです。JR熊本駅前は今、再開発の槌音が響いています。

その駅前の再開発によって、立ち退きを余儀なくされる駅周辺の名物店も多くあります。

そのうちのひとつ「駅前花屋」が、11月に閉店しました。24時間年中無休の名物食堂として60年間、多くのお客さんに愛されてきました。何が魅力か……、おでんやおかずは自分で取っていいセルフサービス、年季の入ったいすやテーブル、店そのものに昭和のにおいがしていました。

私も不規則なアナウンサー生活で、長い間早朝のむぎとろ貝汁定食や、深夜のちゃんぽんなどお世話になってきた者です。

惜しまれながら、一旦閉店となった最終日のドキュメントは、過日、RKKテレビ・夕方いちばんの定点観測の特集で放送した次第ですが、この中で、花屋閉店の日、わざわざ京都からやってきた人がいました。アテネ五輪女子マラソン金メダリスト野口みずき選手育ての親、シスメックス女子陸上競技部、藤田信之監督です。

東京国際女子マラソン野口みずき優勝のあと、多忙なスケジュールの合間を縫って、長年のおつきあいの花屋にやってきたのです。

熊本に陸上競技のお仲間の多い藤田監督ですが、来熊の際は、熊本駅前の観光朝市とこの花屋のおでんのスジでの一杯を楽しみにしています。

「花屋が閉店しますよ」との電話一本で、ただただ、閉店の挨拶のためだけにやってくる人……。

陸上競技関係月刊誌今月号の藤田監督へのインタビュー記事読むと、東京国際女子マラソン野口みずき快走のシナリオは、用意周到、緻密な計画の下に準備されていたことが改めて確認出来ますが、そんな、勝負に徹するスポーツ指導者とはまったく別の、義に生きる人情家の一面が存在します。

昨日のこと、大通りから一歩入ったところで、立ち退き新生「駅前花屋」がオープンしました。その真新しいテーブルには、藤田監督が贈った大きなアレンジメントの花が飾ってありました。

義に生きる……。

藤田監督とおでんのスジ噛みしめながら人生のスジを学ぶ日々が続いています。

（2008・1・25）

◆野口みずき優勝報告会ザビーの心

先日、野口みずき選手の2007東京国際女子マラソン優勝報告会に招かれました。京都宝ヶ池にあるホテルで開かれた優勝報告会は、日本陸上競技連盟澤木啓祐専務理事、日本陸上競技連盟高野進強化委員長、日本陸上競技連盟木内敏夫強化副委員長、スポーツライターの増田明美さんはじめ錚々《そうそう》たる方々、300人の出席で盛会でした。

こちらは、藤田信之監督、野口みずき選手を応援する熊本の「走思走愛倶楽部」のメンバーとして招かれ大変光栄なことでした。

優勝報告会で挨拶に立った野口みずき選手は、「こんなに走れるように産んでくれた両親に感謝します」と述べ、思わず感極まる場面もありましたが「もし（代表に）決まったら、世界

ザビー名付親のひとり　横山幸代さん

中に小さいけどできるんだぞという姿を見てもらいたい」と力強く五輪連覇へ向けての抱負を語りました。その傍らで、めがねの奥のやさしい目で見つめる藤田監督、感動する場面でも、家族のような温かい雰囲気がチームフジタの特徴でしょうか……。

その家族のような温かい雰囲気はシスメックス女子陸上競技部の事務所にも漂っています。優勝報告会の前日、手土産持って挨拶に訪れたときのこと……。

廣瀬永和コーチや、事務局の岡田栄夫さん、横山幸代さん達スタッフが「ザビーが来た」「ザビーがさあ」「ザビーがね」と会話の端々に、しきりに「ザビー」なる言葉を挟むのです。

「ねえねえ、そのザビーって誰？」と聞けば、みんなクスクス笑い出して、お互いめくばせをして、間を置いて「それは、清原さんのこと」ですと……。

よくよく聞けば、私の頭部が、聖フランシスコ・ザビエル神父に似ているからだそうで、ザビエルでは、ニックネームになりにくく「ザビー」と名付けたのだとか。

そういえば、ずいぶん前の「アナ日記」で、作家の浅田次郎氏が、私のような頭をザビエル型と言っていると紹介した記憶が……。

「ギヨエテとは俺のことかとゲーテ言い」

野口みずき選手と同じ三重県出身の斉藤緑雨の川柳です。

私は、ゲーテみたいな詩人ではありませんが……。私人としての感懐は、「ザビー」と聞きなれない名称で呼ばれていることもそれはそれで名誉なことだと思いつつ、小林旭の歌ではないけれど「京都にいるときゃザビーと呼ばれたの……」と歌いつつ京都から帰って参った次第です。

野口みずき選手は20日から中国・昆明での高地合宿中です。藤田信之監督は北京五輪まで2レースに出場させる計画を明かにしていますが、昆明での合宿の結果次第で、熊日30キロロードレースに出場する可能性大です

その時は、熊本でもチームフジタのスタッフから「ザビー」と言われるのでしょうか……。

「ザビーとは俺のことかとナゲーテいい」

「ザビーとは君のことかなハゲーテいい」

藤田監督一流の混ぜっ返しが聞こえてきそうです。

◆北京オリンピック欠場、野口、藤田監督の思い（２００８・９）

9月になっても北京オリンピック興奮の余韻が続き、一躍注目された選手などマスコミによって様々に伝えられています。

そんな中、女子マラソン、故障のため出場を断念したシスメックス女子陸上競技部、野口みずき選手と藤田信之監督から欠場にあたっての挨拶状が送られてきました。

藤田監督とは、今から14年前、熊本で開催された全国中学校駅伝競走大会で解説をお願いして以来、来熊の折には、いつも声をかけていただき、お付き合いが続いていますが、律儀な人です。欠場の波紋で大変な日々であろうに、野口選手のメッセージとともにA４判の紙面２枚にわたり監督の心情が綿綿と綴られていました。（監督の了解を得ましたので以下その抜粋を紹介します）

「欠場」の決断に先立ち、選手である野口みずきを仮に現状の状態で痛みをこらえてスタートラインに立たせた時、レースに対応出来るのか？　また、２時間30分以上に及ぶ長時間に耐えうるのか？　を考え、現状ならスタート直後から痛みを発症し戦線離脱とリタイアの可能性も高く、野口みずきの今後の今後の選手生命に関わる自体も起こりうる上、この現状を封印し応援して下さる多くの方々も欺き走らせることは出来ないと考えました。また今回の北京では、日本代表として野口みずきに期待し求められているのは、メダルを獲得する事、「欠場」する事は、その期待にも反し、関係各位にも多大なるご迷惑をお掛けする事も充分に承知しましたが、野口みずきの将来を第一に考え、監督として、また指導者の倫理に基づき、自らの責任の下、〝苦渋の選択〟でしたが「欠場」させる事と致しました……。

ここまで読んできて、８月14日の『熊本日日新聞』のコラム「新生面」の文章が思い出されました。「老子は言った。『他人に勝つには力ずくですむけれど、自分に勝つには柔らかな強さが要る』。この場合の『自分に勝つ』を安直な根性論にもしたくない。マラソンの野口みずき選手が北京五輪の出場を辞退した。この決断こそ『柔らかな強さ』と呼ぶべきものだと思う。つらかっただろうに」

さらにA４判の２枚目に目を移すと、

女子マラソンも終わり、報道では、野口みずきの「欠場」が残る２人の走りにも影響した？日本の女子マラソンの歴史が止まった等々書かれ、外部からは指導者の責任論も出て参り、週刊誌等にも掲載され、「欠場」の原因にトレーニングの量の多さや、危機管理体制の不備等が取り挙げられていました。

反論する気は有りませんが、日本のマラソンが世界で戦い、勝つ為には、外国選手に勝る練習量で対応するしか太刀打ち出来無いのが現状です。その為、選手たちは故障と紙一重のギリギリの厳しいトレーニングを日々続けているのです。従って選手の体調管理は、日々細心の注意を払って対応しているつもりです。それでも予測出来ない痛みや症状が突然発症するものです。これに対応出来なかった事でどんな責任を取るべきなのか？指導者を辞めて解決するなら、考えたいと今は思っています……。

豪放磊落な人柄とともに繊細な思いやりの人だけに、どうも最後の一行が気にかかり、このところ封印していたフジタホットラインに、おととい電話を入れました。

そうしたら、「国辱や非国民やら言われている藤田です。今日も、スポーツ報知が『野口、まだ走れない』の大見出しで裏一面に写真載せよるし、ホンマ大変やがな。こんなん、放置しようにも放置できへんがな。ベトナムやったらええねんけど……ホーチミン（報知見ん）でもな」？？？？？

いきなり、藤田節炸裂に、こちらは一安心しましたが、センセーショナルに書き立てるマスコミの騒ぎ過ぎには閉口している様子が伺えました。

このところの野口みずき選手に対する一連の報道では、のぞき趣味の盗撮目線が目立っています。今、スポーツジャーナリズムに求められるのは、懸命に復活をめざす選手をやさしく見守る確かな視座だと思います。

「野口も生身の人間や、そんなすぐによくなることはないんや。ゆっくり回復を待つしかないんよ。今は焦りが禁物や」。そして「野口に比べて、きよさん、あんたはええなあ」。

「えっ、何がですか？」

「そらあ、怪我なくて……。いやいや毛がなくて！　ハッハッハ」

いやはや電話の最後までいつもの藤田節でした。

スポーツは、勝つか負けるかの競い合いの要素を持っていますが、一回で全てにけりがつくものでもありません。敗戦が、次の勝利に生きることもよくあるのです。

「人間万事塞翁が馬」と言います。この北京の欠場が、チームフジタの次へのステップになるように願っています。

08箱根予選会応援記 (2008・10・20)

インターネット社会、スポーツの結果は、現場に行かなくてもすぐ分かる時代ですが、性分なのでしょうか、現場に行かないとどうも落ち着かず、帳面が消えない思いがして……。やはり、今年も、箱根駅伝予選会……熊本出身の監督、選手を応援するために休日を利用して、立川昭和記念公園まで行ってきました。

箱根への切符は13枚。予選会出場は、45校、５２１人。襷《たすき》のない20キロ、各校上位10人の合計タイムを競います。昭和記念公園に隣接する陸上自衛隊立川駐屯地の滑走路を一斉にスタートする光景は圧巻です。

おととし、1秒差で本選出場を逃し、去年の予選会は、その1秒の重圧からか、持ちタイムでは上位の実力を備えながら、12位という不本意な成績に終わった拓殖大学……。熊本・松橋中出身の川内勝弘監督とは旧知の間柄、多良木出身の西仁史、熊本工業出身の谷川智浩、鎮西高校出身梅木悠平、九州学院出身川島慎太郎、熊本国府出身蓮池龍顕、積年の屈辱を晴らす走りに注目しました。

また、駅伝部創設5年目の上武大学、花田勝彦監督とは、今年の熊日30キロロードレースでお会いして意気投合、オリンピック代表選手が群馬の無名校を育て上げる熱意にうたれました。その上武大学には、熊本国府出身の大塚良軌、福山真魚、梅田大輔、園田隼、多良木出身の地下翔太、九州学院出身の坂口竜成がいます。箱根初出場のかかる走りはいかに……。

そのほか、東海大学には、去年の九州学院のエース、栗原俊が、麗沢大学には熊本国府出身の栗原巧が、青山学院には、九州学院出身の松野祐季、辻本啓吏がエントリーされていました。結果は、ご存じの通り、上武大学が3位で箱根初出場を決め、拓殖大学は5位で4年ぶりの箱根。東海大学は7位で予選通過。青山学院は13位、実に33年ぶりの本大会出場の切符を手に入れました。その一方で、注目の法政大学は6秒差の14位で落選……。今年も厳しい現実がありました。

こちらは広い昭和記念公園。みんなの広場のあちこちに陣取る各校に挨拶に周りしましたが、中でも、監督就任初めての予選突破となった拓殖大学の川内監督の御礼の言葉が印象的でした。「みなさんに忘れないで欲しいのは、おととし1秒差で悔し涙にくれた先輩選手、去年、その1秒差の雪辱を果たせず、この会場を後にし、卒業した選手のことです。その人たちの思いが実った今日の結果です。その選手たちのことを忘れずに箱根を走ります……」

駅伝は襷を運ぶレースですが、心の襷は次の年へ次の年へと繋がれて伝統になっていくのだなと改めて感じました。

また、上武大学箱根初出場を果たした主力、熊本国府出身の福山真魚選手は、落ち着いた表情でインタビューを受けていました。高校時代、2年連続で、ふらふらになった走りで実況者をハラハラさせた男は、大学で確実に成長を遂げ、謙虚な言葉遣いの中にエースの風格を漂わせていました。

しかし、明あれば暗……。夏場好調を伝えられていた拓殖大学の熊本工業出身、谷川智浩選手は、左太ももを痛め、予選会を走れませんでした。その谷川選手には、「怪我に焦りは禁物、じっくり治して」と声をかけてきました。

これで、拓大が1秒差で敗れたあとの川内監督を励ます会に端を発した足掛け3年に及ぶ予選会応援の旅には、一応のピリオドが……いわゆる「帳面消し」は果たせたとホッとしていたら、「当然、箱根、応援に行くのでしょう」と誘われました。

いやいや、その前に、２００８熊本県高校駅伝が待っています。こちら、立川からトンボ返り、11月1日の実況中継に向け、各高校取材中！

箱根を走る先輩に刺激を受けて、後輩の高校生ランナーも発奮してもらいたいものです。

（2008・10・31）

◆襷の辞書話

襷を辞書で引けば、

①衣服のそでをたくし上げるために肩から脇にかけて結ぶひも。普通、背中で斜め十文字にうち違いにする。

②紐または線を斜めにうち違えること。またその文様。

③細長い布を輪状にして一方の肩から他方の腰へ斜めにかけるもの。

この3つの意味があります。（広辞苑）

①は、一乗寺下り松、巌流島の宮本武蔵を思い起こします。

②は、スコットランドやジャマイカの旗が眼に浮かびます。

③は、やはり駅伝の襷でしょう。

明日は、２００８熊本県高校駅伝が、熊本県民総合運動公園周辺コースで開催されます。どのように襷が受け渡され、どのチームに栄冠が輝くのでしょう。興味は尽きません。ＲＫＫでは、午後3時から中継録画で放送します。

もともと「駅伝」は、古代の交通制度でした。中国では、秦漢帝国以来、首都を中心に全国的に駅伝制度を施行しました。首都と地方の間の道路網に置かれた中継所のことを駅といい、ここに宿泊施設や人馬を配置していました。駅に使者が到着すると、次の駅まで乗り継ぎの馬を用意する仕組みです。日本の律令制では唐制に倣って駅馬、伝馬の制を定めたと辞書にあり、日本書紀にも「駅伝」という言葉が出てきます。

ものの本によると、これにヒントを得た戦前の大日本体育協会副会長、武田千代三郎が、「駅伝競走」の名づけ親、創始者といわれています。

競技としての最初の駅伝は、１９１７年（大正6年）に行われた「東海道五十三次駅伝競走」とされています。京都の三条大橋から、東京の上野不忍池までの23区間、５０８キロ。このレースに、細長い布を輪状にして一方の肩から他方の腰へ斜めにかけるもの＝襷をつなぐことをよくぞ考え付いたものだと感心します。

日本陸上競技連盟駅伝競走規準の第9条は、「たすき」です。たすき……襷という漢字ではなく、ひらがな表記で「たすき」です。それによると、『駅伝競走はたすきの受け渡しをする。たすきは布製で長さ1ｍ６００～1ｍ８００、幅6㎝を標準とする。』とあります。

明日の２００８熊本県高校駅伝もこの規準に従って行われますが、こちらの競技規則の表記は、たすきではなく「タスキ」とカタカナです。

奥山幸男熊本陸上競技協会副理事長兼総務部長の話では、熊本県高校駅伝のタスキは、熊本県高校体育連盟が用意するものを使用します。箱根駅伝のようにスクールカラーを染めた各校独自のタスキではありません。

「スタートから使用するタスキ」は、女子が、白地に高校駅伝の赤文字に赤の高体連マーク。男子が、白地に高校駅伝の紺文字に赤の高体連マーク。各校、当日オーダー表提出のときに「スタートから使用するタスキ」が渡されます。

このほか、女子は、第1中継所、第4中継所に、男子は、第1中継所、第4中継所、第6中継所にそれぞれ、色違いの「繰り上げ出発タスキ」が用意されます。

明日のレースは、全国大会、九州大会の代表を決める駅伝競走であると同時に、熊本県高等学校総合体育大会の学校対抗戦です。どうか、各校を代表するランナーの皆さん、願わくば「繰り上げ出発タスキ」をかけることなく、「スタートから使用するタスキ」を最後までつないでもらいたい……。

手に軽しされど襷の重みかな

こちらは、夜の10時過ぎ、明日の放送資料を確認しています。

参考：２００９年から熊本県高校駅伝は、各校独自のタスキ使用となりました。

◆M先生との睡眠時無呼吸検査（2009・10・7）

私の友人の中学校の陸上競技を指導しているM先生から電話がありました。

「この前、仲間3人で睡眠時無呼吸症候群の検査を受けたのだが、自分だけ左人差し指のパルスオキシメーターの装着が、何らかの原因ではずれ、データが取れず、再検査となった。ついては、一人でもう一度検査受けるのは寂しいのできよさん、付き合ってくれませんか。だって、合宿で、きよさんも、よく呼吸、止まっていますもの」

「そりゃあ、M先生が、眠っているとき無意識に左人差し指しゃぶって器具がはずれたのではないですか」など冗談を言いながら、頼まれれば、イヤといえない性格。このほど、睡眠ポリソムノグラフィ検査なるものを一緒に受けました。

親しくしてもらっている主治医、Y先生の立会いの下、器具を装着して同じ部屋に、Y先生を挟んで川の字の就寝……。

合宿の大部屋でのM先生の鼾の大きさは、仲間の誰しも知るところです。就寝のコツは、先手必勝。彼より早く眠りに就くことです。

睡眠導入は成功でした。こちら、ぐっすり眠りに入りました……。

ところが、検査のため、いつもより早い時間からの睡眠だったからでしょうか、午前3時半ごろ、いったん目が覚めました。

そのとき、川の字の向こう側は、富士山の頂上から日本海溝に落ちるような高低差の激しい鼾の製造中でした。そして、時折、無音状態……。続いて、日本海溝から急浮上したのかのような、呼吸再開音「グアバア、ハフハフウウ……」。

ほほう、これが、いわゆる「睡眠時無呼吸」の症候なのかと、こちら感心しきり。

その後、枕を投げつけて、鼾止めようかと思う時間帯もあり、そんな、こんなで、夜が明けました。

朝、川の字の真ん中のY主治医、検査器具、装着を解きながら、「きよはらさんは、鼾、寝入りばなだけでしたな。大丈夫でしょう」。

なんのなんの、就寝の後半、明け方は、眠れなかっただけなのですが……。

まだ、Y主治医殿から検査結果は送られて来ませんが、今度は、こちらが、睡眠の前半と後半の数字が何故かアンバランスで「再検査」と言われそうで……。

◆無呼吸治療悪戦苦闘

（2009・10・9）


このところ、寝返りも打たず、仰向けになったまま熟睡しています。

正確に言うと、寝返りは打てない状況で朝を迎えています。

10月のアナウンサー日記で、友人の中学校のM先生と一緒に「睡眠時無呼吸症候群」の検査＝睡眠ポリソムノグラフィ検査を受けたこと書きましたが、そのデータを11月にY主治医から知らされました。

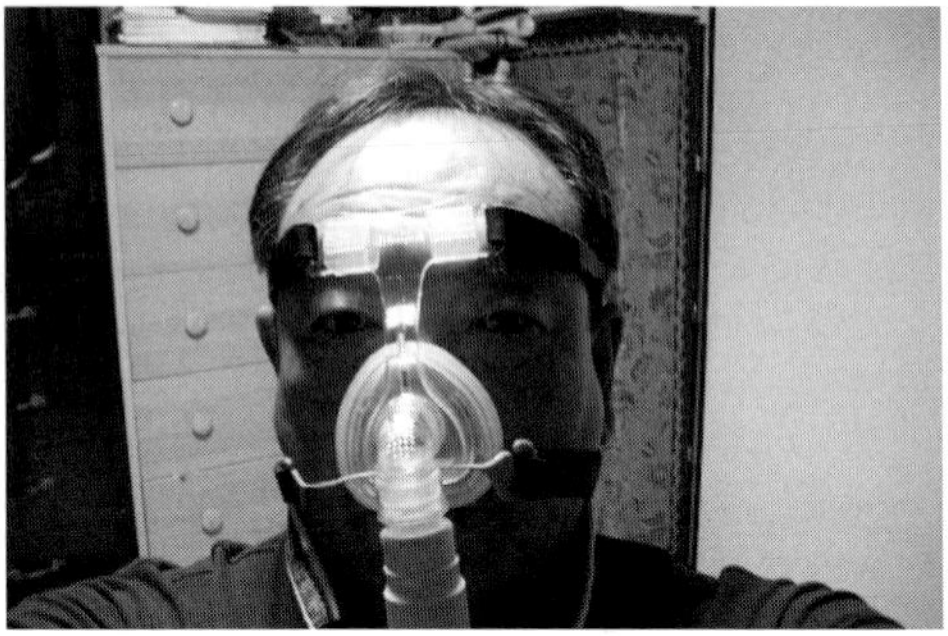

結果は、二人とも正真正銘の立派な睡眠時無呼吸症候群でした。しかも、就寝時検査の後半の午前3時以降、相方の鼾、つまり、友人の中学校のM先生の鼾で眠れなかったにも関わらず、こちらの数値が彼よりも上回っていました。

小学校の通知表の見せ合いっこで、ちょっと成績が良かった子供みたいに、自分のデータとこちらのデータを比較し、電話口で愉快そうに笑うM先生でしたが、Y主治医は、「目くそ鼻くそを笑う」と一刀両断！　二人とも、オートCPAP装置（シーパップ）を装着して就寝することに相成った次第。

CPAP＝Continuous Positive Airway Pressure＝経鼻的持続要圧呼吸療法とは、圧力を加えた空気を鼻から送り込むことによって気道の閉塞を取り除く治療法とか。

この装置、防毒マスクをイメージしてもらえれば分かりやすいのですが、鼻マスクを装着し、鼻マスクから空気が一定圧で送り込まれてきます。送られてくるのは、酸素ではなく空気です。最初、装着がむずかしく、就寝時も熊本弁で言う「やぜくるしさ」を覚えました。しかし、これが慣れてくると、あら不思議、快感に変わったではありませんか。

家人の観察によると鼾をかかなくなったそうです。熟睡感があり、スッキリ起床できるようになりました。件の「目くそ」といわれた相方もこの装置の効果は上がっているとのこと。

ただ、重装備のままの就寝だけに寝返りが打てないのが難ですが……。時折、仰向けのまま背泳ぎをずっと続けている夢を見ている今日この頃です。

熊本弁注　やぜくるしい＝うるさい。いやな感じがする。面倒だ。

◆言葉のニュアンス

（２０１０・１・22）

言葉のニュアンスって難しいですよね。

ＲＫＫのホームページ「キムカズ発信」の肥後弁講座でも、東京出身の木村和也アナウンサーが、文字だけでは伝えるのが難しいと言いながら、いろいろと「熊本の言葉」の表現、言い回し取り上げて、微細な差異を綴っています。

例えば……、

「よか」は、語尾の微妙な上げ下げで、肯定にも、否定にもなります。

「いっちょん好かん」も、語気鋭く言えば、「まったく好きでない＝大嫌い」という意味になりますし、鼻に抜けるように甘え声で言えば「本当はこんなに好きなのよ」という裏返し表現に。

「とっとっと」も「とっとっと?」は、「この場所はあなたが取っているのですか?」の疑問形ですし、「とっとっと↙」となると、「ここは、もうすでに確保しています」という返答になります。

熊本生まれの熊本育ちの私には、当たり前のことで、日常気にもしない表現の差異ですが、東京出身の木村アナウンサーの感性にかかると、熊本弁のニュアンスは、新鮮な気付きの連続なのでしょう。「キムカズ発信」の肥後弁講座、感心しきりで読んでいます。

詳しくはＲＫＫのホームページ「キムカズ発信」の肥後弁講座、ご覧ください……。

ところで、人と人との長いお付き合いの中で培われ、察することが出来るようになるニュアンスもあります。つい最近、京言葉の婉曲表現で察しのついたことがありました。

15年前の全国中学校駅伝競走大会の放送解説で御縁をいただき、爾来、公私ともどもお世話になっている、シスメックス女子陸上競技部、藤田信之監督は、生粋の京都生まれの京都育ちです。

「車に乗ってはりますえー」

「きよさん！　○○してはりますのんか？」

この人のまろやかな、ふわーとした京言葉聴いていると、こちらがやさしさに包まれます。

その藤田監督が、去年、押し詰まった師走、いつものように義理堅く、以前の実業団チームで一緒で、若くして亡くなった女子選手の墓参りに熊本を訪れた際、サウナに誘われました。

その裸の付き合い、風呂場での藤田監督の独特の言い回し……。

「最近、京都に来いひんなあ……。1月の都道府県女子駅伝、来るとおもとったわあ……」

一緒に汗流していた、無呼吸症候群の治療仲間、M先生と一瞬顔を見合わせました。

これを解釈すると、「1月の全国都道府県対抗女子駅伝には必ず来てくれよ」という意味なのです。

すぐさま二人は、京都行きの航空パックを手配しました。

果たして、1月16日、京都で藤田監督は待ち構えていました。昼、「好きな京都ラーメン食べなはれ！」。夜、行きつけの左京区の小料理屋では、おいしい料理と名高い焼酎でもてなしながら、「きよさん、あんた、定年のあとも大丈夫やで！　髪の毛見てみい！　フロントライトも、バックライトも装備して見通しＯＫ！」と藤田節は快調！

挙句、翌、駅伝当日、シスメックスの選手、熊本県選手を応援した後は、「高校の時から通っていた新京極のごっつう高温のサウナに招待しまっせ！」。

その高温サウナ、あまりにも刺激的な熱さに圧倒されながら5回も入ってのぼせ気味、繰り出した木屋町での前夜に続く大歓待で、清原Ｍ氏連合艦隊はヘロヘロ撃沈……。

底冷えする京都の更けゆく夜、最後までタフネス、絶好調だったのは藤田監督ただひとり。すっかり馴染んだ熊本弁、「よか！」の連発でした。

皆さん！　人生、熊本弁も京言葉も、ニュアンスの解釈は大変でっせ！

「来るとおもとったわあ……」

「行ったがよか！」

阿吽の呼吸はむずかしゅおます！

追　シスメックス女子陸上競技部の事務局本部で会った野口みずき選手は、顔色よく元気でした！　復活に向けがんばってまっせ！

サッカー日記

◆合宿

（2001・7・21）


暑いですね。「夏だけん当たり前タイ」って言われそうですが……。

こうも暑いと、思い出したくなくても、私、暑さとともに思い出すものがあります。

それは、「合宿」……。みなさんは、夏の合宿の思い出は、楽しさとともにあるかもしれませんが、私の高校時代のサッカー部の「強化合宿」は、そりゃ、ものすごくハードトレーニングでした。「しごき」とか「いじめ」とかのハードではなくて練習そのものが、ものすごく、きまじめにハードだったのです。

早稲田の先輩が帰省して、直々の指導で……。ああ、こう書き込みしているだけで、息遣いも荒くなってしまいます。名物は、強化体操の鶯谷に3メーターダッシュにインターバル走。ウグイスダニは、二人一組、馬跳びして股間をくぐる繰り返し。時間内に回数をこなさないと、さらにやり直しです。やり直しといえば、3メーターダッシュも大変です。みなさんは、たった3㍍とお思いでしょうが、サッカーの3㍍は勝負の距離です。腰をきっちり落とさないと負けてしまいます。「ハイやり直し」……。インターバル走は、午前の仕上げでピッチのゴールラインからゴールラインまで10本。これも設定タイムに入らないと全員やり直しの追加です。よく炎天下、みんなのために走ったものです。とにかくきつかったです。

だから猛暑とともによみがえる「合宿」という言葉にアレルギー反応がでるのでしょう。ピッと笛を吹いて非情にも「やりなおし」と言っていた鬼と思えた早稲田の先輩は、その後母校の監督になり今も健在。そろそろ「おい清原ガッシュクぞ！ 手伝え」と電話がかかってきそうです。合宿でやり直しばっかりさせられてた人間がやり直しのきかない放送の世界＝アナウンサーになって、暑さに強く仕事ができるのはあの「合宿」のお蔭かも知れませんが、「ガッシュク」の言葉のひびきは、あのときのままです。

ああ今夜あたり「合宿」の夢でも見そうです。

どうしましょう！ アレー……。

（2004・10・26）

◆ラモス瑠偉

先日、熊本・山鹿市でサッカー元日本代表のラモス瑠偉氏のトークショーがあり、そのお相手を務め、彼とじっくり話す機会がありました。

1978年、東京で全国民放アナウンサーのサッカー研修会があった際、（その当時は、アナウンス研修に、サッカーの実技指導もあったのです）その実技のコーチを担当した来日早々のラモスから「コノヒトハウマイ」と褒めてもらった思い出や、1991年、山鹿の後藤グラウンドで横山謙三ジャパン＝日本代表の合宿があったときの取材でアキレス腱を痛め別メニューでひとり黙々と走ってたシーンなどよく覚えておいてくれました。

そして、今、Jリーグの監督を務めるのに必要な最上級指導者資格＝S級ライセンスにチャレンジしているという話もしてくれました。「実技はともかく講義が大変です。ノートはポルトガル語でなく勿論日本語ですよ。夜も分からないところあったら、一緒にS級資格に挑戦している風間八宏氏や長谷川健太氏にいろいろ聞いて復習した」ということです。ブラジル出身のラモスにとって言葉以上に、S級ライセンス取得には文字の壁もあり、並大抵の苦労ではなかったようです。しかし、S級を取らねばというラモスの強い気持ちは最後まで衰えませんでした。

山鹿で会って1週間後「日本サッカー協会は21日、ラモス瑠偉氏をS級コーチと認定した」というニュースが報道されました。

W杯出場を目前で逃した93年のドーハの悲劇を乗り越えた男の意地が新聞記事の行間に見て取れました。

最大の夢は日本代表監督というラモス瑠偉氏の今後の活躍に注目しましょう。

（2005・1・4）

◆OB会初蹴り

師走も早かったけど、お正月も早いですね。もう三が日が過ぎて、我が社も今日が年始式でした。皆さんはどんなお正月お過ごしでしたか。

私は、昨日、母黌サッカー部のOB会総会と初蹴りでした。すっかり、サッカーも足ではなく「あご」でする私は現役との交流試合も、もっぱら実況解説……。それでも、御歳85歳の大先輩のアップのお相手を務めたりして、青春の感覚が呼び覚まされました。

その初蹴りの会でいろいろとOBの消息を聞いたりするとこれまた時のたつのが早く感じられます。ついこの前まで一緒に全国大会目指して汗を流していたある後輩氏。その息子が、ライバル高に進学しサッカー部新チームのキャプテンになったんですって……。

ということは、私の感覚では「ついこの前」のことが確実に「20年以上も前」のことになるわけで……。

月日のたつのは早い！　まさに「少年老い易く」であります。「キヨハラさん、後輩氏の息子の高校ば応援するとね？　もちろん、我が母黌よね」

複雑な気持ちで高校サッカーを見つめるこの一年になりそうですが、これまた、あっという間に一年が過ぎそうで怖いですな。

一日一日を大切にして参りましょう。

（2005・1・17）

◆シュティーリケ

私のまわりには、抜けたおもしろ味の仲間が何人かいます。

私がそうかもしれないので類は類を呼ぶのかも……。

山梨の通称＝シュティーリケという男もそのひとり（82年のW杯西ドイツ代表シュティーリケに容貌が似ている）。サッカーを通して知り合って20年以上になるのですが、金物店経営なのに、それほど堅くなく、すぐにお酒で柔らかくなる……なりすぎるか……。

この正月も、年賀状来なかったかわりに遅れてEメールが届いたのでしたが、「ことひもよろひく！只今よっぱらってる」これだけだった……。こっちも、あきれかえって返信しましたさ。「君の酒は年末年始もないよね。山梨だけにYear間なしだね」って……。

これで凍ったのか、やーまーなしのつぶてでそれっきりぷっつり音沙汰がなくなってしまいましたさ。音信不通は普通のこと。そんなに気にも留めてなかったのですが、泊めていたのは奴さんでした。

なんと、携帯電話器を飲みに行った友人宅に置き忘れ、その友人が3日間留守だったため携帯不可！　使おうにも使えなかったそうな。

3泊もさせるなよ！　この一件を知った北海道の友人は、案の定と前置きし、「相変わらずというか、開いた口がそのまんま」とあきれっぱなしだったのですが……。

こちら笑えない……憎めない……同病相憐れむか……ハハ。

（2005・2・3）

◆サガン鳥栖松本育夫さん

熊本にJリーグを目指す「ロッソ熊本」が誕生しました。どのように成長するか楽しみです。応援しましょう。

さて、お隣の佐賀には既にJ2からJ1入りを目標に掲げる先輩格のサガン鳥栖の存在があります。昨日、そのサガン鳥栖が熊本を訪れ、キャンプ中の韓国Kリーグ・水原三星と練習試合を行いました。

サガン鳥栖を率いるのは、京都パープルサンガGM、川崎フロンターレで監督、社長を務めた熱将・松本育夫さん。過去に何度もRKKのサッカー放送で解説をお願いした間柄です。久しぶりに、試合前、会場のKKウィングの一室で松本監督にインタビューさせてもらいました。相変わらずの育夫節で、まさに立て板に水。昨年のチーム運営会社のゴタゴタが解決され、新しい運営会社がスタートし、コーチングスタッフの一新、自ら強化に乗り出し選手の補強がうまく行ったこと。熊本出身は3人＝落合正幸、矢野大輔、長谷川豊喜。将来が楽しみな若い選手と一緒にサッカーが出来る喜びとともに、12月には笑顔でJ1入り果たしたいと目標を熱っぽく語ってくれました。

そして、「ロッソ熊本」へのエール。「チームは良い時ばかりではありません。辛抱しなければいけない時に、どういう考え方で対処するのか。そこで真価が問われます」。昨年一年間ピッチ以外のところで苦労した人の重みのある言葉でした。

松本育夫監督、早稲田から日本リーグ・常勝東洋工業のスター選手へ。メキシコ五輪日本代表・銅メダリスト。日本ユース代表監督（大津高の平岡和徳監督も教え子）。高校サッカー、W杯放送解説者。常に、陽の当たるところを歩いていた松本さんですが、１９８３年、静岡県つま恋のガス爆発事故に遭遇し瀕死の手足骨折、大火傷を負います。延べ8回にわたる皮膚移植、左指切断手術……。しかし、松本さんは、その病床から不屈の闘志で復活して来ます（そのいきさつは『燃えてみないか今を』という本に詳しく記されています）。そして、Jリーグの監督、長野県の高校サッカーの監督から、サガン鳥栖へ。現在63歳。メキシコ五輪銅メダリストで現役の指導者は彼ひとり。その情熱はどこへ行こうと衰えず燃え盛っています。

昨日ＫＫウィングには、雪の中、松本監督の歯切れの良い大きな指示の声が響き渡っていました。

人に会って元気になることってありますよね。今日、私がいつも以上に元気を感じてるのは、

人生の日向もつらい陰の日々もまっしぐらに生きてきたこの人と昨日会ったお蔭だったのでした。この松本監督のインタビューは、２月６日（日）のＲＫＫラジオ「スポーツのスヽメ」で御紹介します。

また、サガン鳥栖と浦和レッズの練習試合が２月13日（日）に大津町運動公園で、ロッソ熊本と浦和レッズの練習試合が２月20日（日）にＫＫウィングで行なわれます。

こちらも楽しみです。

◆サガン鳥栖応援トヨキ活躍の巻

（2005・8・5）

Jを目指すロッソ熊本は、九州リーグ13連勝で快進撃がつづいています。
一方、おとなりの佐賀、J2のサガン鳥栖は、先週金曜日のザスパ草津にまさかの黒星で3連敗。9試合連続で勝利から遠ざかっていました。

サガン鳥栖の松本育夫監督とは、RKKのサッカー解説などで旧知の間柄です。8月2日の首位京都パープルサンガ戦の応援に行くことにしました。

サガン鳥栖のホーム、鳥栖スタジアムは、陸上競技トラック兼用ではなく、スタンドの目線のすぐ下にタッチラインが見えるサッカー専用球技場です。ナイトゲーム、選手と選手のショルダーチャージで飛び散る汗まで目の当たりです。

午後7時キックオフの試合は、京都が、前半1点先行するという、サガン鳥栖にとってはイヤな展開でした。ところが、後半になると、松本育夫監督は、早目に選手交代の手を打ってきました。その第一弾が、後半7分の長谷川豊喜選手の投入でした。この長谷川豊喜選手は、去年、熊本ルーテル学院高校のキャプテンだったルーキーです。第4の審判のとなりに「背番号26・トヨキ・ハセガワ」が見えたとき、もう15年以上も前のシーンが突然脳裏にフラッシュバックされました。

バドミントンの名門熊本中央女子高校で、お姉さんの長谷川知香選手が練習するとき応援のお父さんに連れられてチョロチョロしてる小さい頃の姿が思い出されたのです。

あの当時、のちにアトランタ五輪バドミントン日本代表となる宮村愛子選手の青春を描くスポーツドキュメント「シャトルを追って夢を追って」の取材で、よく熊本中央女子高校の体育館を訪れていたのでした。

バドミントンのお姉さん選手たちから「トヨキ、トヨキ」と可愛がられていたあの豊喜が、Jのピッチに、しかも、大事な場面で登場するのです。こちら、矢も盾もたまらず、観客席を立ち、通路階段を駆け下り、スタンド最前列から、交代の為、タッチライン中央にスタンバイする長谷川選手に声をかけていました。

「ハセガワ!」。しかし、大歓声で、届かないのか、振り向いてくれません。

そこで、今度は「トヨキ!トヨキ!」と連呼しました。すると、佐世保のハードな夏季強化キャンプで日焼けした顔がこちらを向きました。「おう、トヨキ! 熊本から応援に来とっとぞ! 行け!」思わず知らず、くまもと弁になってました……。

キヨハラのおっちゃんと分かったのでしょう。カクテル光線に白い八重歯が見えました。ピッチに立った長谷川選手は、高校時代より、たくましく、たのもしく、守から攻に向かうスピードに磨きがかかっていました。後半15分、鳥栖のシュートをGKがはじいたところにMF長谷川がいました。4000人が沸きに沸く同点ゴール。スタジアムアナウンサーも興奮気味に「トヨキ・ハセガワ」を告げていました。

このあと試合は、2－2ともつれましたが、終了間際に、飯尾のゴールで首位京都を突き放し、3－2で、サガン鳥栖が2ヶ月ぶりの勝ち星をあげました。

鳥栖スタジアムに300発の花火が上がる中、トヨキは、敢闘賞の表彰でした。

白星知らずの長いトンネルから抜け出したサガン鳥栖。松本監督は、「どういうサッカーをすれば勝てるのか分かったはず。勝った相手が京都ということも大きい。8月は5月と同じく負けなしの月にしたい」。「鍛えながら勝つ」がモットーの松本監督。夏季強化キャンプの手応えがあったようで歯切れのいい育夫節が、インタビュールームに響きました。この人は、順風のときも、逆境のときも、いつも闘志あふれ、ひたむきです。

記者会見の後、監督自身、お疲れだったことでしょうが、食事に誘ってくれました。上機嫌でのサッカー談義……。「育夫さん、私が応援に来ると勝つ。私はラッキーボーイでしょう」と言えば、すかさず、育夫さん「じゃったら、毎回、応援に来てよ」。時間があっという間に過ぎていました。

サッカーに対しては、もともと血が騒ぐたちなのですが、やはり、熊本の選手が活躍すると格別の興奮と感激です。

そうそう、小川中、大津高出身の日本代表、巻誠一郎選手の活躍にも注目しましょう。

（2005・8・26）

◆ああ合宿

ああ合宿……。

毎年、夏が来て、思い出したくなくても、暑さとともに思い出すものがあります。

それは、「合宿」……。そんな書き出しで、過去に「アナウンサー日記」を書きました。

２００1年の7月のことです。あれから、ずいぶんたちますが、またまた「合宿」を思い出さざるを得ないことになりました。数日前、高校サッカー部の我々の代のキャプテンから、「母黌の監督が、還暦を迎えるので、記念誌を刊行することになった。ついては、思い出を書け」という連絡が入りました。そうです。監督との思い出を書けばいいのに、筆は、何故か思い出したくもない「合宿」に向かうのです……。

世間のみなさんは、夏の合宿の思い出は、楽しさとともにあるかもしれませんが、私の高校時代＝１９６６年から６９年にかけて、サッカー部の「夏の強化合宿」は、それはそれは、中身の濃い、ハードトレーニングでした。「しごき」とか「いじめ」とかではなくて、練習そのものが、ものすごく、きまじめにハードだったのです。それもそのはず、当時、日本のサッカー界をリードしていた早稲田大学に進んだ先輩が、帰省して、直々の指導でした。この人が、今度、「還暦を迎える監督」で長いお付き合いになろうとは……。

注：（早稲田大学は１９６６年度天皇杯で東洋工業を破り日本一になっています。それ以来、今日まで大学勢の天皇杯制覇はありません。それほど強かったのです。）

さて、合宿のエピソードですが、こんなこと書きました……。

1年生の夏休み前、3年生の先輩から、「もうすぐガッシュクぞ。ガッシュクは、きつかばってん、トランプなんか持っていくと楽しかぞ」と言われました。ハハ、あの頃は素直で純情でした。言いつけ通り、トランプを持って行きました。が、バッグの中で、そのまんまでした……。

水前寺競技場での一週間の合宿は、トランプなどできる状況ではなかったのです。早稲田と同じような練習メニューで、少し専門的になりますが、当時、高校で、75度のパス、グラウンダーのロングフィードの練習しているところは珍しく、長い距離を走る練習で、合宿の前半から足はパンパンに張っていました。

その合宿のハイライト……。明日で打ち上げという日の午前中に鶴屋百貨店との練習マッチがありました。早稲田の先輩は、試合前のミーティングで「勝て」の指示。試合結果は、1対1の引き分けでした。炎天下、ピッチサイドで、声を出し、ボール拾いをしていた私は、勝てなかったけど、社会人相手に、引き分けで、内心ホッとしました。ところが、臙脂にW文字のトレーナー姿の先輩の口から出た言葉は、「なんで勝たん。ヨシというまで走れ」でした。

先輩の目から見たら、試合内容が、余程、悪かったのでしょう……。すぐさま3年生のキャプテンを先頭に二列縦隊で走り始めました。タッチライン、ゴールラインが次々にめぐり来るいつ果てるともないランニング……。スパイクの底から地熱が伝わり、コーナーフラッグは、陽炎の向こうで揺れます。臙脂のトレーナーが、スタンドの陰から、日向に出てきました。「ああ、やっと終わる」と思いきや、「もっと速く走れんのか」……。何周走ったでしょう、数える気力など毛頭ありませんでしたが……。2年生のひとりが、倒れます。すると、臙脂のトレーナーが動きます。「これで、終わるぞ」と思いきや、バケツに水汲んで、頭からバサー……。

陸上競技トラックで練習中の第一工業(開新)の長距離選手が、「こいつら、まだ走っとる。馬鹿バイ」と、あきれかえっていましたっけ。とにかく、とにかく、きつかったです。

こんなことがあったから、「合宿」という漢字と「ガッシュク」という響きにこの年齢になっても、精神的アレルギー反応が出るのでしょう。

でも、不思議と、こんなに厳しいからといって、やめようなんて思わなかったですね。早稲田と同じような練習が出来ているという喜びと、早稲田に進んだ先輩の指導や人柄にあこがれや、惹きつけるものがあったのでしょう。

鬼と思えた早稲田の先輩の名は、吉尾孝徳といいます。その後、母黌の監督になり、30余年、今も健在です。熊本県の高校サッカー界で、同一チームの監督歴最長者です。今度、記念誌とともに還暦祝いの同窓OBサッカー試合を計画しています。そのときに、監督から、総監督になる予定です。

どうやら、監督の思い出と合宿は、私の体の中で、切っても切れないリンクされたものになっているようです。

ああ合宿……。「ガッシュク」の言葉の響きは、あのときのままですがアナウンサーになって、暑さに強く仕事ができるのは、あの「合宿」のお蔭かもしれません。

◆サガン鳥栖松本監督の燃える秋

（2005・10・18）


ロッソ熊本は、全国社会人サッカー選手権大会準決勝で、バンディオンセ神戸に4対3で勝ち、明日の決勝に進出しました。

取材にあたっている山﨑アナウンサーの電話報告の声も弾んでいました。明日の決勝戦は、同じ九州リーグで鎬を削った新日鐵大分です。

一方、お隣の佐賀、Ｊ2のサガン鳥栖は、一時8位まで順位を落としましたが、第4クールに入って仙台、京都と上位チームに快勝し、再び上昇の兆しが見えてきました。サガン鳥栖を率いる松本育夫監督とは、ＲＫＫのサッカー解説でお世話になってこのかた、サッカーの先輩としてだけでなく人生の先輩として、畏敬の念を持って、公私ともどもお付き合いさせていただいている間柄です。

松本育夫監督、早稲田大学から日本サッカーリーグ・常勝東洋工業のスター選手へ。メキシコ五輪日本代表・銅メダリスト。日本ユース代表監督。高校サッカー、Ｗ杯放送解説者。常に、陽の当たるところを歩いていた松本さんですが、1983年、静岡県つま恋のガス爆発事故に遭遇し瀕死の手足骨折、大火傷を負います。延べ8回にわたる皮膚移植、左指切断手術……。しかし、松本さんは、その病床から不屈の闘志でサッカー界に復活して来ます。

その事故からの生還を中心に松本さんが書いた本『燃えてみないか今を』を読んで感動した熊本出身でブラジルと日本のサッカーコーディネーター、ＲＫＫロッソ戦放送解説者、吉野貴彦さんが、ぜひ、松本育夫さんに会いたいと言って来ました。そこで、この前の土曜日、鳥栖スタジアムのザスパ草津戦、差し入れの焼酎に馬刺と辛子レンコンを携えて、二人で応援に行きました。試合は、ザスパ草津に先制点を許したものの、前半で2対1と逆転し、後半も2点を加え4対1、サガン鳥栖の快勝でした。これで、第4クール3連勝です。試合後、松本監督は、単身赴任のマンション自室の鍋パーティーに、熊本からの応援団二人を招いてくれました。

その席には、岸野靖之ヘッドコーチと運営会社サガンドリームスの杉山栄敏専務も……。馬刺に辛子レンコンとともに監督手料理の鍋をつつきながら、焼酎酌み交わし、サッカー談義に花が咲きました……。なんと、杉山専務は、熊本出身で、熊大付属中でサッカー部に所属していたそうで、その時の主将のT君について語り出すと、そのT君は、吉野さんの碩台小学校のときの同級生でサッカー仲間であり、しかも、高校は私のサッカー部の後輩にあたり、全国高校サッカー選手権に出場したT君ということが判明しました。なんという合縁奇縁……。

初顔合わせの3人が、小学校、中学校、高校と年代は異なれど、T君という共通の人物を知っていたとは……。しかもサッカーで結ばれて……なんという巡り合わせでしょう。サッカーが取り持つ御縁に一同びっくりでしたが、時間のたつのも忘れ結局、JR最終、鳥栖午前零時29分発で熊本に帰ることになりました。誰もいない深夜の鳥栖スタジアムをきれいな栗名月が照らしていました。

それにしても、サガン鳥栖は去年とは違います。「第44節最終戦終了の笛が鳴るまで全力で戦う。それがプロの姿」という松本監督。「やり続けること。それが殻を破ることになる」と岸野ヘッドコーチ。熱血の指揮、情熱の指導の名コンビに、新生サガンドリームスのフロント陣。確かに、サガン鳥栖は、J2第4クールのダークホースと言えそうです。

上位浮上の鍵は、次の博多の森の「九州ダービー」でしょう。

ロッソの応援とサガン鳥栖へのエールで、サッカー人生が熱く忙しくなっている昨今です。

吉野貴彦さん　人は見かけによらぬもの

（2005・11・19）

この前、ロッソ熊本の九州リーグ優勝決定戦テレビ中継で、解説をお願いした熊本出身、ブラジル在住のサッカーコーディネーター吉野貴彦さんは、ブラジルと熊本とを行き来しながら、日本のサッカー文化の向上、発展のために何らかの架け橋になれればと活動を続けています。

サンパウロFCが92、93年、トヨタカップで2年連続クラブ世界一に輝いた時の見事なチームコーディネイトは、語り草になっています。

現在も一年の半分の帰国中は、大分の日本文理大学のスポーツマネジメント講座の講師を務めたり、各地で講演活動を精力的に行ったりしています。ですから、こちらとしては、吉野さんはサッカー界の人として、認識していました。

しかし、人は多面体って、本当ですね。

10月のある日、11月のスケジュールを知らせあった時、偶然にも11月10日前後、二人とも、沖縄にいることが分かりました。こちらは、JRN・JNN系列の全国アナウンス責任者会議への出席、吉野さんは、南米の民族音楽・フォルクローレ演奏会のお世話。

「サッカー」ではなく「フォルクローレ」という言葉の響きに一瞬耳を疑いましたが、「せっかくの機会だから沖縄でも付き合いなさい」と、こちらの会議終了後、案内されたのは、那覇から車で一時間程のうるま市勝連《かつれん》平敷屋《へしきや》という沖縄本島中部東突端の漁港町でした。

ここの平敷屋小学校体育館で青少年健全育成チャリティーコンサートが開かれたのでした。フォルクローレグループの名前は「WAYNO」（ウェイノ）、チリ、コロンビア、ペルー出身の4人と富山在住の谷中秀治さんがメンバーで、ニューヨークを中心に欧米で幅広く活躍していますが、日本でも、学校、病院などへの訪問演奏なども行っています。

もともと、吉野さんと平敷屋のサッカー交流がきっかけだったそうですが、平敷屋のみなさんの地域をあげた青少年育成活動に共感して、サッカーばかりでなく、もっと幅広い育成活動の起爆剤になればと、吉野さんの肝いりで、知り合いのフォルクローレグループWAYNOの招待演奏会開催に結びついたとか。

吉野さんに、「なんで、サッカーばかりでなく、谷中さんはじめ南米の皆さんのグループと知り合いになったの」と聞いたところ、「これも御縁です」とさらり。長年、サッカーコーディネーターとして活躍する感性と人柄が、平敷屋でも富山でも、ニューヨークでも、サッカー以外の人脈を広げる原動力になっているのでしょうか。その平敷屋青少年健全育成チャリティーコンサートのパンフレットには、主催・HYポンチとありました。

H＝平敷屋の頭文字、Y＝吉野貴彦の頭文字でポンチとはポルトガル語で「架け橋」の意味だそうで、「ブラジルと日本のサッカー交流に尽力し、その人脈はサッカー関係者だけでなく各界に及ぶ吉野貴彦氏を通じて、平敷屋の子ども達に夢と希望を与え、いろいろな体験を子ども達に与え、その後の成長の手助けになるよう手を貸す目的で活動する団体」。このような説明が添えられていました。

こちらは、映画「男はつらいよ」の寅さんみたいに、沖縄有名人の吉野さんの後にただ付いて行って、地域の皆さんの歓待を受け、恐縮するばかりでしたが、平敷屋の小中学生とともに沖縄の海風に吹かれ聞くフォルクローレに癒された一日でした。

サッカーばかりでなく、音楽、文化、教育にも造詣が深い吉野さんのお蔭で、こちらもまた、新たな出会いに恵まれ、沖縄で御縁をいただきました。

サッカーを基点に、多面的な展開がある吉野さんの人生を、まぶしく感じた琉球路でした。


（2006・6・2）

◆W杯の匂いを嗅ぎに

私のサッカー好きは、今にはじまったものではありません。自他ともに認めるサッカー大好き人間です。

新聞で『サッ』の字を見つけると、過敏に反応します。冷静に見れば、「サッチッヤー」だったり「サッチー」だったりすることも多々あったりして一人で苦笑する場面もあります。『カー』の字もしかり。落ち着いて、よくよく見れば、「リッカー」だったり、「リアカー」だったりします。それだけ、サッカーが気になっている証拠なのでしょうか。

そんな私の周りには、熱烈サッカー過敏症候群の友人が、全国に存在します。その仲間のひとり＝函館在住の坂下由美子さ

坂下由美子さんと

んが、先日のこと、他系列ですが、テレビの全国放送で紹介されました。彼女とは、82年のスペインワールドカップのマドリードで出会って以来の御縁です。女性サッカーフリークの魁《さきがけ》のような存在で、これまで、W杯をはじめ、欧州選手権、南米選手権と数多くの国際試合を現地に出かけ観戦しています。

紹介のTV放送のタイトルは「サッカーに魅せられて24年」。W杯史上初のPK戦が行われた、82スペイン大会準決勝、フランス対西ドイツの試合を目の当たりにしてサッカーに心奪われ、それから人生が変わったそうです。「最近は、テレビ放映も増えて、わざわざ現地に行かなくてもいいのでは」の質問には、「やはり、サッカーの匂いを嗅ぎに、現地の空気を吸いに行かなければ、その良さは、分かりません」とキッパリと答えていました。

その「匂いを嗅ぎに」「空気を吸いに」という言葉が、こちらの心を揺さぶりました。ついこの前まで、「セッカチ病」と向き合っていましたが、この言葉を聞いて、「サッカー匂い嗅ぎ病」にも向き合わなければならなくなりました。

6月になった途端、そわそわしている自分がいます。とんぼ

82スペインW杯、杉山隆一氏とともに

返りの弾丸ツアーででも「匂いを嗅ぎに」「空気を吸いに」ドイツに行かないことには、どうも収まりそうにありません。

セッカチに仲間と連絡しあって「匂いを嗅ぎに」行く方策を探っています。

留守番するのはドイツだと、後輩のアナウンサーが、眉をつりあげそうです。

◆JFL吉村和紘さん奮戦記

（2006・9・16）

ことは、いささか旧聞に属しますが……。

9月9日にJFL首位決戦、ロッソ対ホンダFCの試合が行われ、ロッソは、2対1で敗れ、順位をひとつ落とし、3位となりました。

そのことに関しては、9月12日の「アナ日記」で山﨑アナが思いのたけを述べていますので、ここで、いまさら詳しくは触れることもありませんが、1週間経った今も、あの試合の数々のシーンを思い起こせば、胸が熱くなってたまらない自分がいます。

私は、あの試合をKKウィングの片隅で、別の角度から、格別の思いで観戦していました。ホンダFCは、もちろん、ロッソが勝ちたい、首位戦線の敵方のチームですが、勝負とは別の次元で、そのホンダFCの背番号15に視線が釘付けになっていました。それは、左サイドのミッドフィールダーとして登場した吉村和紘《よしむらかずひろ》……。

吉村和紘は、私の自宅のすぐ近く、7軒隣で農業を営む吉村さんちの子供でした。小学4年生の春、学校のサッカー部に入るというので、ある日、近くの白川河川敷で、ボールリフティングと、インステップキックを教えました。あの頃は、まだ私のインステップのシュートにも威力があったようです。「おっちゃん、すげー」と目を見張っていました。

そうしたら、翌週から、土日の朝早く、拙宅の玄関を勢いよく開けて、大きな声あげて「おっちゃん、サッカー教えて！」と、訪ねて来るようになりました。指折り数えると、今から18年も前の事になりますか……

それが、きっかけです。センスがいいのでメキメキ上達しました。

中学1年生のとき、ちょっと練習に出て来なくなった時期もあったりして、サッカー部のキャプテンから、「キヨハラさんの言うことは絶対聞きますから、カズヒロにサボるなと、お説教してください」と頼まれたこともありました。注意したのは、後にも先にもそれ1回、それ以降は練習の虫に拍車がかかりました。

熊本農業高校では、主将として信頼され、1997年の大阪なみはや国体では、熊本代表のMF。準決勝、稲本潤一の大阪を2対1で破り、決勝では、小野伸二、高原直泰の静岡には敗れたものの互角に渡り合い、少年の部の熊本、堂々の準優勝の原動力でした。

その後、福岡大学からホンダFCへ。

しかし、好事魔多し……。昨シーズンは故障で出場機会に恵まれず、期待された今年も、5月に劇症肝炎を患い、前半は戦列を離れ、治療、リハビリの毎日でした。

そのカズヒロが、熊本で、ついに先発イレブンとして戦列復帰を果たしたのです。

白のユニフォームの背番号15が、開始直後から得意のドリブルで動き回ります。小さい頃からの少し背を丸めるような独特の、一目でカズヒロと分かるドリブルです。前半４分、左サイド、ゴールライン近くでロッソＤＦのファウルを誘ってのＦＫを得ました。雨を含んだ芝生を舐めるような強烈なグラウンダー、カズヒロが蹴ったボールは、ロッソのＧＫ飯倉の手をはじきインゴールに転がっていました。思わず、「ナイスシュート」と大声で叫んでいました。周りは、もちろんロッソを応援する人ばかりです。気まずい空気が、あたりを支配しました。しかし、それでも誇らしい気持ちが、胸を張らせていました。

　その後も、左サイドから、と思えば、右にサイドチェンジしたりして、再三の好プレー。「おっちゃん、サッカー教えて！」の声が、何度よみがえったことでしょう。その度に、目頭が熱くなりました。

　ハーフタイム、スタンドの最前列まで下りていって、「カズヒロ」と声をかけました。前半１対１の競った試合、険しかったサッカーマンの表情が、その時、一瞬、「おっちゃん、サッカー教えて！」と言って来たときの頃と同じ顔になりました。「吉村！　頑張らないかんぞ！」こちらが振り絞った声に、大きく頷いてくれました。

　翌日の熊日には、「復調したＭＦ吉村（熊本農高出）が鬼神の働き」と評されていました。スポーツには、勝ち負けとは別に、胸打ち奮うものが確かに存在するのです。

◆2007松本育夫GM来る

（2007・2・16）

今日の夜勤に備えて、行きつけのそば屋で遅い昼食をとっていた時、携帯電話が鳴り出しました。着信画面に「松本育夫」と出ています。サッカーJ2・サガン鳥栖のゼネラルマネージャーの松本育夫さんです。

この松本育夫さんとは、RKKのサッカー解説でお世話になってこのかた、サッカーの先輩としてだけでなく人生の先輩として、畏敬の念を持って、公私ともどもお付き合いさせていただいている間柄です。

店に迷惑にならないよう外で電話に出ると、いつもの野太い張りのある声が響きます。聞けば、韓国Kリーグ城南一和との練習試合で、今、KKウィングに来ているとのこと。

「GM御大が、わざわざ練習マッチで熊本においでとは思っていませんでした……」

「何言っているのよ清原さん。GMも現場見ないといけませんぜ。それに熊本に来て、あなたに黙って帰るわけにはいかんでしょう」

すぐさま、そば屋の勘定をすませ、途中で松本GMの好物＝球磨焼酎を求め、KKウィングに向かいました。

松本育夫さん、早稲田大学から日本サッカーリーグ・常勝東洋工業のスター選手へ。メキシコ五輪日本代表・銅メダリスト。日本ユース代表監督。高校サッカー、W杯放送解説者。常に、陽の当たるところを歩いていた松本さんですが、1983年、静岡県つま恋のガス爆発事故に遭遇し瀕死の手足骨折、大火傷を負います。延べ8回にわたる皮膚移植、左指切断手術……。しかし、松本さんは、その病床から不屈の闘志でサッカー界に復活して来ます。振り返れば、京都パープルサンガＧＭ、川崎フロンターレ監督、社長、長野地球環境高校監督、サガン鳥栖監督歴任。昨年、Ｊ２、サガン鳥栖を史上初の4位にまで押し上げた手腕、実績は記憶に新しいところです。そして今シーズンはサガン鳥栖専務兼ＧＭに就任しました。

　ＫＫウィングに着いて、岸野新監督と一緒に飲んでくださいと球磨焼酎手渡した後は、練習試合開始まで、長々と立ち話が続きました。チームの補強のこと、佐賀の民放テレビにレギュラー出演する話、西日本版Ｊビレッジ佐賀誘致について……。そして、今回一番びっくりしたのは、この3月に『天命』という本を出版する話でした。天命＝天によって定められた人の宿命……。京都パープルサンガを強化し、川崎フロンターレをＪ２からＪ１に引き上げ、長野地球環境高校を創部早々全国高校選手権出場に導き、サガン鳥栖を見事にＪ１を狙えるところまで活性化させた道のりを、自ら『天命』という育夫さん。照れながら「振り返れば、なあに私はお助けマンなのよ」と言いつつ笑う育夫さん。そうそう、こちらも、サッカー放送の解説で、私生活でも何度も励まされ、助けられましたっけ。『天命』の刊行が楽しみに待たれます。

　それにしても久しぶりに会った育夫さん、ＧＭとなっても目の輝きは、熱血指導の時とひとつも変わっていませんでした。

　今日のサガン鳥栖、韓国・城南一和との練習試合の結果は、1対1の引き分けでしたが、仕上がりは順調のようです。

◆育夫さん『天命』出版

（2007・5・11）

RKKサッカー中継の解説で大変お世話になった、J2・サガン鳥栖専務兼ゼネラルマネージャーの松本育夫さんのことは、これまで何度か、この「アナウンサー日記」に書いていますが、その松本さんの『天命』という本がクリーク・アンド・リバー社から出版されました。律儀な人です。このほど、〝恵存清原憲一様「低身高心」松本育夫〟とサイン入りで、その本が送られて来ました。早速、松本GMの好物「焼酎」を御礼に送るとともに、むさぼるように一気に読みました。

メキシコ五輪日本代表・銅メダリストの松本さんが、1983年、静岡県つま恋のガス爆発事故に遭遇します。瀕死の大火傷に複雑骨折、延べ8回にわたる皮膚移植、左指切断手術……。その病床から不屈の闘志でサッカー界に復帰したあと、京都パープルサンガを強化し、川崎フロンターレをJ2からJ1に引き上げ、長野地球環境高校を創部早々全国高校選手権出場に導き、サガン鳥栖を見事にJ1を狙えるところまで活性化させた道のり……。それを天命＝天によって定められた宿命という松本さん。サッカーを本格的に始めてから50年、サッカー指導者として一応のピリオドを打った思いが丹念に綴られています。副題は、「我がサッカー人生に終わりなし」。限りなくサッカーに対する熱情に溢れた内容です。

その中には、アナウンサー育成のヒントになる言葉もいくつもありました。

社会環境の変化に伴い、選手達が日常の生活から学ぶものが変わってきている中では、いわゆる、心がけというものを学ぶ機会が減っている。それをどのように伝えるのか。「心技体」という言葉があるが、この漢字の並べ方は絶対に変わってはいけない。まずは心が先、精神的なものが先に出てきて、それが技と体を鍛える。サッカーで言えば、技術、戦術を教えたから上手くなるということではなくて、その教えたものを消化できる心構えのできた選手を作らなかったら駄目だということ。それは、コミュニケーション能力を持ち、団体の中での振る舞いを知り、ものの考え方を確立させている選手に育てるということだ……。

やっていたからこそ、後になって、こういう人生を歩めたと納得することができる。だから、「やっておけば良かった」の人生と「やっておいて良かった」の人生は、わずかな差かもしれないが、結果として大きな開きを作ることになる。ならば、選手たちには「やっておいて良かった」の人生を歩んで欲しい。どんな形であれ、必ず成功に結びつくからだ……。

選手たちに理解させる、伝えたいことを忘れさせないことは指導者の仕事。私が、師と仰ぐデットマール・クラマーさんには、「相手が分かるまで、同じ言葉で、ずっと言い続けろ。指導者は1回言ったからではなく、理解するまで言いつづけなければならない」と教えられ、それが指導者の忍耐だと理解している。

奥さんを東京に置いて単身赴任の鳥栖にあと何年いるつもりなのでしょう。鳥栖と熊本は、近い距離です。もっと話が聞きたい……。

急に「育夫さん」に会いたくなりました。

◆横田先輩追悼

（2007・9・10）


自分は長男なので、実の兄は存在しないのですが、それ故でしょうか、心の中で兄貴と呼び、尊敬する人が何人もいます。

そのうちの一人、北海道放送のゼネラルプロデューサー横田久さんが急に亡くなりました。大学のサッカー部の先輩で、アナウンサーの先輩で、兄貴と慕う人でした。役員待遇となり、このところマイクの前からは遠ざかっていましたが長く、HBC杯ジャンプ中継を担当し、ジャンプの横田と言われ、TBSのスポーツキャスターを勤め、ニューイヤー駅伝の実況でもおなじみでした。

私が大学1年生のときの3年生で、俊足のウィングプレーヤーでした。部室で着替えるとき、「かえるピョコピョコ三ピョコピョコ合わせてピョコピョコ六ピョコピョコ」と言いながら「清原お前言えるかよ」と陽気に声をかけてくれる先輩でした。その横田先輩の就職先が北海道放送という話は聞いていたのですが……。まさか、アナウンサーになっているとは……。

こちらも大学卒業して、横田さんと再会したのは、サッカー場でなく、甲子園でした。1976年の春のセンバツ、JNN系列のスポーツ研修会が、甲子園で開催されました。集合場所

が、甲子園中央入り口前にあった「アルプス食堂」の玄関前。横田さんが一塁側から、私が三塁側から集合場所に近づきながら、相手を認め、他人の空似かなと思いつつ、どちらからともなく「もしや、北海道のクマさん？」「ひょっとして、熊本の清原か？」と声を掛け合っていました。「何で甲子園に？」お互い同じ質問をしていました。

「横田さんが北海道放送に就職したのは知っていましたけど、営業か制作かと思っていました。まさか、アナウンサーとは……」

「お前こそ、アナウンサーになっているとは……」

それ以来、二人で自慢するのは、「同じ大学で同じ放送研究会出身のアナウンサーは、全国に何人もいるだろうけど、同じサッカー部からアナウンサーになったのは、俺たちだけだよな」という事。

それからというもの、サッカー部時代以上に、兄貴は弟分を可愛がってくれました。北海道でゴルフの研修があれば、自分が親しくしている選手を何人も紹介してくれたり、TBSのスポーツキャスター時代は、こちらが上京すると、遅くまで実況談義。去年は、アナウンス責任者会議が、北海道で開催されると、「すぐには、帰るなよ。会議の翌日はつきあえよ」と、わざわざ、泊まっているホテルまで迎えにきてくれて大倉山シャンツェなど、案内してくれました。

そして、昼食に名物のスープカレー御馳走してくれて、その日もまたまた実況談義。「スポーツの実況で大事なのは、得点・回数（時間）・状況の基本だね。優勝シーンでも、『試合終了、何対何で、Aチームが勝ちました』が先だよね。すぐ、優勝歌い上げコメントになるのは感心しないな。何事も基本忘れちゃダメだよね。そうだろ清原！」

現場離れても熱い語り口でした。そのときは、「ちょっと肝臓悪くしたけど、もう良くなったから心配するな」と元気そのものだったのに……。

8月の士別とんぼ返りのときは、体にやさしい熊本産の櫨の蜂蜜届けたのに……。無二の同じサッカー部出身の兄貴分のアナウンサー亡くしました……。亡くして知る、兄貴の優しさ、ありがたさ……。長い弔電打ちました。しかし、いつまでも、しょげていても始まりません。横田さんの心を自分の心に宿らせ、今日も、明日からも放送現場に向かいます。

（2007・10・20）

◆吉尾総監督逝く

この前、9月に熊本県文化懇話会・熊本県文化協会機関誌の「熊本文化」に「窓」という題で執筆を依頼され、以下のような随想を寄せました。

「同心同蹴同窓」

窓には、比喩的に内と外をつなぐものという意味もありますが、私の高校時代＝1966年から69年にかけて、窓は、内なる教室から外のグラウンドを窺うものでした。

所属する済々黌サッカー部は大正7年の創部という伝統があり、練習は生真面目でした。とりわけ、当時、日本のサッカー界をリードしていた早稲田大学に進んだ先輩が帰省しての直々の指導は、中身の濃いハードなものでした。早大は1966年度天皇杯で東洋工業を破り日本一になっています。それ以来、今日まで大学勢の天皇杯制覇はありません。それほど強かった早大の最先端の練習が、そっくり黒髪のグラウンドで行われていたのです。その鬼と思えた先輩がグラウンドに来ているかどうかは大きな問題で、窓からの情報収集で心を整えたものです。その人は還暦過ぎた現在も総監督として母黌を指導していますが、彼に会わずとも、今も、学び舎の窓見れば、あの当時の緊張が鮮明によみがえってきます……。

この随想に登場する、その当時、鬼と思えた先輩、母黌の総監督が先週の日曜日、急逝しました。

その人の名は吉尾孝徳といいます。13日の全国高校サッカー選手権熊本大会1回戦を指揮し夕食を奥さんと共にして、翌日14日の2回戦に備え、早めに床についたのですが、翌日、奥さんが起こしても、反応なく、帰らぬ人となっていました。

就寝中に心臓が止まったのだそうです。享年61。

余りにも急で、人生の恩人の死がまだ受け入れられない状態で、あれから一週間、なにも心の整理がついていませんが……。

「また、いたらんこと書いて」と怒られそうで、「同心同蹴同窓」という随想、本人に見せていなかったこと悔やんでいます。そっと、棺に、サッカーボールとともに「熊本文化」9月号を忍ばせました。

ひ弱かったサッカー好きの小僧を、大正7年創部の伝統ある門番に鍛え上げてくれた人……。GKの練習でフラフラになって、ぶっ倒れると、決まって「お前は済々黌の1番だろうが、立て」と大きな声が意識朦朧の中でしていたのを思い出します（学校の成績は一番ではなかったのですが、背番号は確かに正ゴールキーパー1番でした）。

サッカーを一から教えてくれて、その後の人生も兄貴のように励ましてくれた人がいなくなりました。

今にして思えば、あの人が、あの人そのものの存在が、私にとっては、サッカーという世界をのぞく、内と外をつなぐ「窓」だったのでしょうか。

夜空に向かって、「もう一度ボール蹴ってください」と叫びたい心境です。秋の夜の冷え込みがこたえます。

（2008・2・25）

◆以心伝心……

不思議なこともあるものです……。

先日、机の中整理していると、サッカー界日本人初のプロ選手奥寺康彦さんとの記念写真が出てきました。ＲＫＫテレビで、その当時放送していた「ざーっと・サタデー」のゲストとして、高校サッカー新人戦の解説として熊本にやってきてくれた時の写真です。

一緒に、檜室英子アナウンサーも写っています。初々しい！日付を見ると１９９２年2月8日となっています。懐かしさがこみあげ、奥寺さんどうしているかなと思いつつ、近くにいた山﨑、青谷両アナウンサーにもひょっこり出てきた写真を見てもらい、往時の思い出話で盛り上がりました。

そのときは、翌日の展開など知る由もないのですが……。

翌日は、大津町総合運動公園球技場でロアッソ熊本と横浜ＦＣの練習試合が行われ、取材に向かいました。試合は１－０で横浜ＦＣが勝ちました。ロアッソ熊本も、横浜ＦＣが引き気味だったのを差し引いても、ＭＦ山本翔平の動きの良いゲームメークが光り、収穫のあった試合でした。

池谷監督に取材したあと、帰り支度して駐車場に向かっている途中のこと、偶然も偶然、あの奥寺さんが、車に乗り込もうとしているではありませんか。なんと、横浜ＦＣ会長が、直々、ロアッソとの練習試合を見に来ていたのです。

「奥寺さん、お久しぶりです、熊本放送の清原です！」この声に、奥寺さん、一旦乗り込んでしまった車からわざわざ降りてきてくれて、「その節はお世話になりました」「こちらこそ」久しぶりの再会の短い言葉のやりとりのあと、奥寺さんは、いつもの人懐っこい笑顔で、いき

奥寺康彦さん

なり「おめでとうございます」と言いながら、がっしりした手を差し出して、握手を求めてきました。

こちら、一瞬、何が「おめでとうございます」なのか戸惑いましたが、さすがスポーツマン、ロアッソのJ2入会の祝福の握手だったのです。

私がサッカー大好きのアナウンサーだったこと覚えてくれていたのです。

阿蘇の中岳、外輪山も雪化粧し、寒風身を刺し冷えに冷えた大津での出会い。偉大なるサッカーマンの紳士の祝福と、暖かい手の温もりに包み込まれ、心の中は、ぽかぽかになりました。

思えば、念ずれば、その人に会えることもあるものなのでしょうか。なんで、前の日に、16年前の写真が出てきたのでしょう……。実に不思議なこともあるものです……。

◆松本育夫さんがクラマー氏から学んだ三つの教え（2008・3・28）

右手にマイクを持ったまま、眼光炯炯、時に大きく左手を動かしながら、時に拳を握り、その人は、ドイツ語を話していました。今年83歳になる小柄な人なのに、その一語一語が、実に力強くこちらのお腹にズシンと響いてきました。

3月19日の鳥栖市文化会館のステージ。早春ビッグ2対談と銘打った特別講演会。日本サッカー育ての親といわれるデットマール・クラマー氏と日本サッカー協会名誉会長、岡野俊一郎氏との対談。テーマは「人を育てる」。招待を受け、行ってきました。10日たった今も、その格別の余韻に浸っています。

クラマーさんは、１９６０年、日本代表特別コーチに就任し、基本技術の徹底と選手の個性、能力を見極めた指導で、68年のメキシコ五輪銅メダル獲得に貢献した人です。

岡野さんは、クラマーさんの通訳兼コーチとして当時の日本代表を支えました。

現役時代からこの二人と親交が深く、クラマーさんを人生の師と仰ぐ教え子の一人、サガン鳥栖松本育夫ゼネラルマネージャーが企画しました。

クラマーさんと松本育夫さんの師弟の結びつきは、彼の著書『燃えてみないか今を』『天命』に詳しく紹介されていますが、松本さんは、２００4年サガン鳥栖監督就任時にも次のように語っていました。

「私にはクラマー氏に教えられたサッカー哲学があります。指導者は口だけではなく、実際に体でやってみせる。選手を説き伏せられるだけの理論を持つ。選手に24時間変わらぬ愛情を注ぐ。大好きなサッカーの仕事に関われる喜びを感じながら、生涯の師であるクラマー氏から学んだ三つの教えを守り、全身全霊を傾けて頑張りますよ」

その三つの教えを、83歳になるクラマーさん自身から、ドイツ語で、生で聞けた感動……。

Das Auge an sich ist blind,
das ohr an sich ist taub.
Es ist der Geist der sieht,
es ist der Geist, der hort.

物を見るのは目ではなく心で見ろ、
物を聞くのは耳ではなく心で聞け、
目それ自体は物を見るだけであり、
耳それ自体は物音を聞くだけである。

松本育夫さんがいつも語ってくれたフレーズを直に聞けた感激……。学生時代、第二外国語がドイツ語ではなくスペイン語だった者にも、その熱情が心の触覚から伝わってきました。

松本育夫さんに薫陶を受けたサッカー大好きアナウンサーだから、クラマーさんの孫弟子に当たるのだと自覚して生きていこうと思う瞬間でした。

松本育夫さんは、講演会終了の挨拶に立ち、「偉大なお二人をわれわれのホームタウンにお招きしたことで、サガン鳥栖が地域密着型のクラブとして発展していく大きなきっかけになる。サガン鳥栖再建、クラブ発展の為には、単にサッカーによる地域との結びつきだけではなく、国際的な知識人による文化の伝達も大事なことなのです」と語りました。

そうそう、3月27日の「日本経済新聞」のスポーツ欄「フットボールの熱源」に、以下のことが紹介されていました……。

〝そもそも日本のクラブ幹部はフロントを名乗っていながらファンに向かって前面に出てくることがあまりに少ない……。しかし、鳥栖では井川幸弘社長と松本育夫GMが客席の前まで足を運び、観客に手を振り、頭を下げて謝意を表すのが恒例となっている。鳥栖には巨額の負債を残して倒産し出資していた市の財政を圧迫した暗い歴史がある。

「そんな過去を払拭する上でも我々はサポーターを大事にするクラブなんだとこうして訴えていく必要がある」と松本GMは話す。〟

松本育夫さんが、単身鳥栖に来て5年になります。クラマーさんから受け継いだ燃え盛る情熱、無尽蔵なバイタリティー、決して手を抜かない気構え、ひたむき前向きな取り組み……。確かに鳥栖は活気づいています。

熊本の手本は身近にあるのです。

いよいよ明後日は、ロアッソ熊本は、そのサガン鳥栖のホーム、ベストアメニティースタジアムで初の九州ダービーです。

松本育夫さんと

松本GMキャンペーン来熊

（2008・9・15）

その人は、相変わらずの張りのある大きな声で挨拶しながらRKKにやってきました。サガン鳥栖専務執行役員兼ゼネラルマネージャー松本育夫さん。9月20日にサガン鳥栖のホームで開催される今シーズン最後の九州ダービー、サガン鳥栖対ロアッソ熊本、ベストアメニティスタジアム2万人満員キャンペーンのPRのための来熊でした。

サガン鳥栖のホーム、ベストアメニティスタジアムは先ごろサッカー専門誌の「世界の魅惑のスタジアム」48位にランクされたサッカー専用スタジアムです。その選考理由は、「急勾配のスタンドのため試合が観やすい。イングランドやイタリアのスタジアムを参考に建てられ、鉄骨むきだしのデザインは、鳥栖市内で出土した弥生時代の細型銅剣がモチーフになっている」『満員にならないのがもったいないスタジアムだから』となっています。

そのスタジアムを満員にしたいという取り組みは、一昨年、鳥栖市内の小学生の作文がきっかけで始まりました。初年度が1万8600人、去年が1万6000人集まりましたが、「今季はどうしても満員となる2万人を達成したい！　そのためには、ロアッソ熊本のゴール裏を真っ赤にしてもらわないと！」「JリーグのGMが自ら敵地に赴き観客動員を呼びかけるのは君が初めてじゃないか」と鬼武チェアマンからハッパをかけられたそうで、語り口も熱を帯びます。

テレビ「ロアッソマガジン」の収録。ラジオはインタビュー番組「新・この人と」の収録。その間に、新聞各社の取材対応。夜は、ラジオ＝「ビバ！ロアッソ　ラーディオ」への生出演。情熱の人は、精力的にＰＲに勤めました。

「専用球技場のベストアメニティスタジアムは、ピッチとの距離が近く、観やすいですよ。選手と選手がぶつかり合うとき、音が聞こえ、汗が飛び散るのも分かります。ここで、ワールドカップ決勝のミニ版を開催したいのです。試合の前のピッチでは、日本のトップレベル、ブリヂストンマーチングバンドのフィールドドリルが華やかに展開され、雰囲気を盛り上げます。どうか、熊本のサポーターも満員のスタジアムでサッカーの熱を感じて欲しいのです。そして、鳥栖対熊本の試合が、将来『有明クラシコ』と呼ばれる伝統の一戦になればいいと願っています」。歯切れのいい言葉の数々が、テンポ良く紡がれていきました。

松本育夫さん、早稲田大学から日本サッカーリーグ・常勝東洋工業のスター選手へ。メキシコ五輪日本代表・銅メダリスト。日本ユース代表監督。高校サッカー、Ｗ杯放送解説者。常に、陽の当たるところを歩いていた松本さんですが、１９８３年、静岡県つま恋のガス爆発事故に遭遇し瀕死の手足骨折、大火傷を負います。延べ８回にわたる皮膚移植、左指切断手術……。その病床から、松本さんは不屈の闘志でサッカー界に復活して来ます。京都パープルサンガＧＭ、川崎フロンターレ監督、社長、長野地球環境高校監督、サガン鳥栖監督歴任。一昨年、サガン鳥栖をＪ２史上初の４位にまで押し上げた手腕と実績。去年、サガン鳥栖専務兼ＧＭに就任しても、その熱情は衰えることなく燃え盛っています。

サッカー専門誌に「フットボーラーたちの伝説」が連載中ですが、最新号で松本育夫さんが特集されています。その前書きに「決してあきらめることなく、あふれんばかりの情熱を武器にどんな困難にも真正面から挑む……稀代の情熱家、松本育夫」とありました。

稀代の情熱家……。まさに、その通り。人生、常に、今いるところがバイタルエリアと思っているのでしょう。決して手を抜かない気構え。まっすぐ、ひたむきな取り組み。無尽蔵の活力、熱情はどこから生まれるのでしょうか。

その姿は、9月19日（金）24：35～RKKテレビ「ロアッソマガジン」で、その声は、9月20日（土）07：25～RKKラジオ＝「新・この人に聞く」でご紹介します。

もちろん、こちらは、9月20日、赤いキャップ、赤いTシャツを着てサガン鳥栖―ロアッソ熊本戦の鳥栖アメニティスタジアムに乗り込みます。そのチケットはすでに松本育夫GMから購入すみです（ちゃっかりお買い得5枚チケットをセールスして帰るところにも情熱を感じます）。熊本から鳥栖に帰って行った翌日には、もう我が家に御礼の葉書が届いていました。現役の時、俊足の名ウィンガーだった松本さん、今も行動はスピード感に溢れています。

この人と会った後、「こちらも人生頑張らなくっちゃ」と、いつも思います。目に見えない活力剤を飲んだような気持ちにさせられます。人をいつのまにか自然に元気にさせる不思議な人です。

東京に妻子を残し単身赴任の松本さんが、いつまで鳥栖にいるのか分かりませんが、熊本から近い鳥栖にいるうちに、もっともっと話を聞きたい……。松本GMにまた会える9月20日を楽しみにしています。稀代の情熱家は稀代の感激屋でもあります。おそらく満員であろう鳥栖アメニティスタジアム、大歓声のスタンド見上げてどんな顔するのでしょうか。結びに一言！　このところ3連敗、元気のないロアッソ熊本ですが、アウェー満員の鳥栖アメニティスタジアムで、気圧されることなく、「有明クラシコ」の原点として後世に語り継がれるような、意気のいいプレー、歴史に残るゲームを期待しています。

◆五橋徒歩渡りの思い出

（2008・10・10）

10月10日がやってくると決まって思い出すことがあります。その思い出を辿れば、青春とは、何とへんてこなエネルギーに満ち溢れていたものかと、つくづく思います。

1966年（昭和41年）、高校1年生の秋、サッカー部で猛練習に明け暮れていた時、9月24日に天草五橋が開通しました。

それを記念して、熊本から歩いて五橋とやらを渡ろうじゃないかと、2年生の新キャプテンが提案しました。不思議なことに誰ひとり反対する者もなく、サッカー部の1、2年生全員で決行することになりました。きつい、生真面目な練習より、「遠足」の方が良かったのでしょう。

東京オリンピック開会式が行われた、10月10日がちょうどこの年、1966年（昭和41年）から国民の祝日、体育の日と制定され、10月9日の日曜日と10日の月曜日が連休になりました。この連休を幸いに、脚筋力強化、練習の一環という大義名分の下、天草五橋への徒歩《かち》渡り？

夜間行軍？　が計画され実行に移されたのです。ナイトハイクなる洒落た言葉もない時代でした……。

早めに学校での練習を切り上げたあと一番、五橋に近い、近見町に住む部員の家が集合場所に指定され、夕方6時から、一路、五橋を目指し、隊列を組んで歩き始めました。

今では、天草五橋に行くには「熊本から三角へ、ああ行って、こう行って」と誰しも、頭の中に地図をお持ちのことでしょうが、その時は、我々サッカー部員にとって実際の距離感がつかめていない全くの未知のルートであったわけで……。国道3号線を南下し宇土から国道57号線に入ると、もう秋の闇夜。住吉、網田、長浜、赤瀬、太田尾、宇土半島北岸、このあたりまでは、キャラメルなどを食べながら、まだまだ遠足気分で元気でした。

そして、三角西港から、一号橋にたどり着いたのが深夜3時過ぎ。この橋の袂《たもと》で、長めの休憩、夜食を取り英気を養った後、いよいよ大矢野島へと渡りました。

このとき、部員誰しも、そう、企画発案のキャプテンでさえ、一号橋の次、二号橋はすぐ近くに架かっているものだと思いこんでいたのです。

今、車で何度も天草五橋を渡っていらっしゃる皆さんは、ここまで読んで「お前たち馬鹿だな」とお思いでしょうが、その時は、少し歩けば、すぐに二号橋があるものだとイメージしていたのです。しかし、そのイメージが崩れダメージに変わるのは早かった……。

中神島を右に見る大矢野島岩屋からは海が見えなくなり山道に入ります。登立から大矢野警察署過ぎたあたりでとうとう夜が明けてきました。されど、行けども行けども二号橋は見えてきません。

隊列はバラバラ、疲労は募るばかり……歩く速度ものろのろになってきました。だんだん陽は高くなっていきます。少し海が見えたと思ったら、また山道、それも勾配の急な長い上り坂……。そのとき、坂道のとっぺんから、元気のいい斥候役の「橋が見えたぞー」という声。駆け出す元気はもうありませんでしたが、一歩一歩進んでいくと展望が開け、二号橋、三号橋、四号橋、五号橋が、次から次に架かっていました。

その天草の島々に架かる橋から景色を楽しんだ記憶は、まったくありません。天草上島、産交バスの松島営業所に疲労困憊でたどり着いたのが、午前9時半でした。なんと15時間半、難行苦行の60キロ……。当然のことながら、復路、歩いて熊本まで帰ると言い出す猛者は、わがサッカー部にはいませんでした。

帰りのバスは全員が直ちに爆睡。車窓からの天草パールラインも拝めず仕舞いでした。

そして、初めての体育の日、祝日の翌日、つまり火曜日の登校日、すでに学校中のうわさになっていたのでしょう。受験のため引退していた3年生のサッカー部の怖い先輩から、「こやったちゃ、連休に練習もせず、馬鹿モン」とお目玉をくらったことが鮮明に記憶にとどまっています。

先日、くだんの言い出しっぺの一年先輩のキャプテンに電話したところ、「ほんなこつは、10月9日が自分の誕生日だったけん、計画したったい」とのこと……。そんなこと、下っ端の1年生部員には知らされることもなく……よくぞ、後輩の部員まで巻き込んで疲れに疲れる誕生会を企画したものです。青春のエネルギーは、微苦笑誘う、なんと滑稽な噴出口を持っているものなのでしょうか。

体育の日は、２０００年から、ハッピーマンデー制度の適用で、10月の第2月曜日になりましたが、私の中では、天草五橋徒歩渡り記念にからんだ10月10日が、今でも体育の日であります。

今から42年前のこと、えっ、もうそんなに経ってしまったのですか……。

思えば遠くへ来たもんだ。


熊本弁注　とっぺん（熊本弁）＝頂上。

　こやったちゃ（熊本弁）＝この奴たちは……こ奴らは、「こいつら」のこと。

　ほんなこつは（熊本弁）＝本当のことは「本当は」。


（２００９・３・29）

◆新調スパイクデビュー

今年の正月のことです。高校サッカー部ＯＢ会総会でＯＢ会長に選出されました。

母黌サッカー部は、大正七年の創部という歴史と伝統があり、多数の先輩が、矍鑠《かくしゃく》とボールを蹴り、御活躍中なのに、まだまだ若輩者が会長とはと戸惑いもありましたが、諸先輩の半ば命令にも近い推挙に抗うことも出来ませんでした。

それがきっかけで、何年ぶりのことでしょう。サッカーのスパイクを新調しました。

「おいおい、熊本出身の日本代表、巻誠一郎は、『利き足は頭です』と言うけど、お前の利き足は『アゴ』だろう。だったらスパイクはいらんだろうに……」

ある先輩に、フェイント気味のイナシ受けながらも、奮発して、ちょいとイカス、ジャパンブルーのスパイクを購入しました。

問題は、いつ、どこで履き初め、デビューさせるかということでしたが、寒い間は、チャンスがなく……いや、寒さが億劫に拍車をかけ、靴箱に鎮座ましますだけの状態が続きました。

それが、この春分の日に、いよいよ蹴り初めの機会に恵まれたのです。

阿蘇市に人工芝のサッカー場が完成し、4月1日オープンを前に記念式典に招待されました。

サッカーフィールド・アソビーゴと名づけられたサッカー場は、阿蘇の司ビラパークホテルの敷地内に整備されたもので、縦１０２メートル、横64メートル。Ｊリーグのチームが使用している、天然芝に近いクッション性の高い人工芝が使われています。現在、ＪＦＡ＝日本サッカー協会に公認を申請中です。

アソビーゴの人工芝のピッチ

その管理運営のスーパーアドバイザーに就任したのが、ＲＫＫのサッカー解説でおなじみの吉野貴彦さん。

彼の誘いもあり、セレモニー、親善試合のあと、新調スパイクで人工芝の感触をたしかめながらボールを蹴らせてもらいました。

昔取った杵柄ならぬ、昔蹴ったサイドキック……。自転車乗りと同じように体がちゃんと覚えているものです。

しかも、人工芝ということを忘れるくらい気持ちのいいスパイクのかかり具合。少年のように躍るこころ。ボールが、芝をなめるように転がっていきます。「オレもまんざらではないナ」と、ついつい、張り切り過ぎましたか、このところ、右ひざに違和感が……。

お蔭で、本日の熊本高校との定期戦は、会長挨拶のみで欠場……。せっかく、スパイク買ったのに……。

やっぱ、お前の利き足は「アゴ」たい！

足も達者、口も達者な大先輩のお言葉が、花冷えとともにこたえる本日でございます。

◆サッカー部先輩積道英さんワンギター（2009・4・28）

私が所属した高校時代のサッカー部は、以前にもご紹介しましたが、ア式蹴球（アソシエーションフットボール）大正7年創部という伝統があります。

在籍した3年間も、生真面目で中身の濃いハードな練習内容でした。とりわけ、1年生のときは、いきなりの猛練習に面食らったものです。

その厳しい指導で定評のあった2年先輩の積道英《せきどうえい》さんから、先日、「ワンギターライブ」の招待状が届きました。

何、サッカーマンがギタリスト？　不思議に思われる方も多いでしょうが、校名の由来にもなった多士済々の言葉のとおりなのでしょうか、教授、校長もいれば、心臓外科医、肛門科医、世界をまわる船の検査技師、バイクエンジニア、五島列島で元祖田舎暮らしの達人など我々の年代のOBも多彩な道についています。

土着のブルースを歌うギタリスト・積道英さんも、大学を出て、社会人の振り出しは大手銀行マンでした。オーストラリア・シドニー支店、カナダ・バンクーバー支店と海外勤務を経て、東京・青山支店長、神奈川・藤沢支店長を歴任します。この間、仕事、サッカーとともに……、いや、サッカーはともかく趣味で始めたギターの腕を磨いたといいます。

その彼が、将来を嘱望されていた銀行マンの道を潔く断ち熊本に帰ってきました。理由はただ一つ、父親の看病のため。そして父親の最期を見取った後、熊本市内の病院の事務長に就任。このころから、各地でワンギターコンサートを開催するようになります。CDも「のさりの海」など世に送り出しました。

ところが、彼の人生は、まだまだ波乱万丈……。今度は、病院の事務長を辞して、国家公務員として省庁に任官します。

その間、演奏活動は自粛しましたが、この春、めでたく定年退職し、活動が再開されました。招待状には、「94年以来、細々と続けて100回を越えました」とありました。

あるときは、お寺のお堂で、あるときは、漁村の公民館で、仕事とは別の世界でも自己を表現し続けてきた積さん。

退職祝いの焼酎を届け、ワンギターライブに馳せ参じました。

高校1年生のとき、いきなりの猛練習に面食らった厳しい指導の先輩のひとり、積さんのその後の人生の生き方、12弦ギターの妙、土着の歌声が、「まだまだ俺たちゃ人生の暮れ方じゃなかっぞ」と励ましてくれているようで勇気付けられる精力的なライブでした。

高校時代、厳しいクラブ活動でしたが、いや、厳しさに耐え、猛練習をくぐり抜けた連帯感からなのでしょうか、同級生のみならず、上下の繋がりも「アラカン」世代になっても強く、しっかりと絆となっていることに誇りを覚えます。

◆サッカー部先輩積道英さんワンギターその2（2009・5・17）

この前の日記で、私が所属した高校時代のサッカー部の2年先輩が、ギタリストとなり活躍中だと紹介しました。

このほど、その先輩、積道英さんの、101回目の「ワンギターライブ」が、阿蘇の一の宮坂梨、宮原才郎の山の家・芝生音楽堂で開催されました。

案内状には、木戸銭無料、飲食自由、持込・差し入れ大歓迎、年に一度の「特別な場所での特別な日」ですと書いてありました。

宮原さんは、積さんの一年後輩、私のすぐ上のサッカー部のキャプテンだった人です。県庁を退職して、妻子ヶ鼻パークヒルにログハウス「山の家」を建て、「特別な場所」を提供してくれています。

「特別な日」……。積さんの高校時代の同級生で、親友、タイニープーというバンドのリーダー奥平輝文さんが、この3月に急逝し、その追悼の意味もありました。

奥平輝文さんは、一昨年のこの催しで、手話グループ＝パームズとともに手話と演奏の見事なコラボレーションを披露し、百人を超す来場者を感動させた人です。

ライブはその奥平輝文さんの追悼の思いを込めた黙祷から始まりました。

もともと、この積さんと奥平さんの高校卒業以来の再会を取り持ったのは、RKKのテレビ番組「週刊山崎くん」でした。12年前、くまもと新春歌めぐりと題して、熊本在住のアマチュアミュージシャンを紹介したのですが、なんと、この番組への登場で、二人とも音楽活動を行っていることが分かったといいます。

それ以来、幾度となく、二人のコンサートを重ね、親交を深めたのですが、3月、突然、奥平さんが病気のため帰らぬ人となりました。

そんな「特別な日」のライブには、高校の同窓生、野田英司さん、山本修子さんのユニットのゲスト出演もあり、にぎやかなことが好きだった奥平さんの追悼にふさわしい会になりました。

親友を亡くしたショックから立ち上がり、その友の分まで歌い続けようとする積さんの熱い思い、熱唱が薫風の阿蘇の夜空に響きました。

いつまでもある、まだまだあると思っていても、限りあるのが人生……。

歌の文句にもあるように「そのうちよりも今のうち』。

先輩には、高校時代のサッカーばかりでなく、今も、生き方教えてもらっているようで、こちらも、できることは「サクサク」やらなければならない時期に来ているのも事実です。

◆松本GM祝賀記念品の説明

（2009・11・13）

おととい、J2サガン鳥栖の松本育夫ゼネラルマネージャーの「日本サッカー殿堂」入りの祝賀会が佐賀市で開かれお祝いに駆けつけました。
「日本サッカー殿堂」は、日本サッカー協会が、日本のサッカーに多大の貢献を果たした人物を表彰し、東京都文京区の日本サッカーミュージアムにレリーフを掲げ、栄誉を称える制度で、今年、松本育夫さんが選出され、さる9月10日、日本サッカー協会創立記念日に掲額式がありました。

松本育夫さん、早稲田大学、日本サッカーリーグ・常勝東洋工業の名ウィンガー。優勝5回。メキシコ五輪日本代表・銅メダリスト。日本ユース代表監督。高校サッカー、W杯放送解説者。１９８３年、静岡県つま恋のガス爆発事故に遭遇。瀕死の手足骨折、全身40％の大火傷。延べ8回にわたる皮膚移植、左指切断手術のあと不屈の闘志でサッカー界に復帰。京都パープルサンガGM、川崎フロンターレ監督、社長、長野地球環境高校監督、サガン鳥栖監督歴任。２００６年、J2サガン鳥栖を史上初の4位にまで押し上げ専務兼GMに。現在、サガン・ドリームス取締役兼GM。
佐賀市での祝賀会、４６０人の参加者を前に挨拶に立った松本さ

んは、「縁尋機妙《えんじんきみょう》」という言葉を引き、「サッカーを通じ皆さんとの御縁を結べたことに感謝したい」と述べました。

「縁尋機妙」……良い縁がさらに良い縁を尋ねていく、その仕方が妙であるという意味でしょうか。人間は、できるだけいい機会、いい場所、いい人、いい書物に出会うべきなのでしょう。よきものに出会い良縁を重ねる……。

「縁尋機妙」の意味を上気した感激の面持ちで語る壇上の松本育夫さんを見上げながらこちらは27年前のスペインのホテルでの出会いを思い出していました。

私は、サッカー小僧だったので、早稲田、東洋工業で活躍する松本さんの現役時代を知っています。もちろん、メキシコ五輪銅メダルの雄姿も目に焼きついています。１９７８年全国高校サッカー選手権中継の民放アナウンサー東京研修では特別講師。そのときの録音カセットテープは今も大切にしています。１９８１年正月、全国高校サッカー選手権済々黌対遠野高校の解説者は松本さん。西九州代表・済々黌のチームリポーターが小生でした。

でも、松本さんとの御縁がより深まったのは、１９８２年のスペインＷ杯だったのです。当時、松本さんは、文部省の海外留学研修制度で西ドイツ留学中。その西ドイツからＮＨＫのＷ杯放送解説者としてスペイン入りしていました。こちらは、上司に「Ｗ杯をこの目で見て実況に役立てたい。一生のお願いです」と自費研修を懇願し、借金までして、意を決しての初めての海外、スペイン行きでした。

投宿したのは、冷蔵庫も、空調もないマドリードの2つ星ホテル。そこに、松本さんの恩師の一人、宮城県サッカー協会理事長で、東北工業大学・伊藤孝夫教授（現・宮城県サッカー協会名誉副会長）も泊まっていました。そのホテルを尋ねて松本さんが恩師に会いにやって来るというのです。伊藤先生曰く「育夫ちゃんにササヌスキ持ってきたんだあ」。

先生のトランク重いと思ったら、海外留学生活の長い後輩に日本の米を食べさせようとササニシキを持参していたのでした。

その重たい「ササヌスキ」のプレゼントの場に小生も同席できたのが幸いでした。松本さんに改めて名刺を差し上げて1年半前の済々黌戦の解説の御礼を述べ、この度は、借金して自費研修でやってきましたと告げると、「あれえ、清原さんは、会社の出張じゃないの。自腹？東京のキー局のアナウンサーはみんな出張で来ているのに……」熊本には馬鹿なアナウンサーもいるもんだと、変なところで感心されてしまいました。

その後、松本さんは、私と会う度に、周りの人に「この人は自費でW杯行っちゃうほど熊本のサッカー馬鹿のアナウンサー」と紹介するようになりました。

まさに妙なものです。縁がさらなる縁を尋ねて来るものなのです……。

もし、借金が怖くてスペインに行かなかったら……。

もし、同じホテルで伊藤先生と出会わなかったら……。

熊本くんだりまで高校サッカーの解説に来てくれなかったでしょうし、「日本サッカー殿堂」入りの祝賀会へのお誘いもなかったでしょう。

まさに『縁尋機妙』であります。祝賀会のお開き口で、記念品を頂きました。有田焼の大きめの酒器2つ。その白磁の器には、「16」とともに、それぞれ、墨痕鮮やか「低身高志」「全力に悔いなし」。育夫さん自筆の文字が躍っていました。

そして記念品の説明書が添えられていました。

1、「16」

1968年に開催された「メキシコオリンピック」において銅メダルを獲得した際のユニフォームの背番号です。その大会においては正ゴールキーパーの1番から始まってポジション順に番号がふられ、ちなみに釜本選手は15番、杉山選手は17番でした。

2、「全力に悔いなし」

「全力を出せば例え成功しなくても悔いは残らない」という意味で使われることが多いように思われますが、私は「全力を尽くせば、必ず悔いの残らない結果が出る」との考えで使っています。その固い信念でサッカー人生を歩み、結果を残すことが出来ました。

3、「低身高志」

天領日田の旧家の額にあった言葉をお借りしました。私なりに受け取り、「人生の折々に出会った人々を、立場や上下関係に関わりなく身を低くして誠意と思いやりをもって敬い、しかし自分の志は曲げずに持ち続けて生きたい」と努力しています。

今日、松本さんに「記念の器は、家宝にします」と御礼の電話したところ、「なあに、あれは、焼酎を飲むためのものですよ」と言って、いつものカラカラとした豪快な笑い声が響いてきました。

殿堂入りしても、気取らない育夫さんとの「縁尋機妙」は続きます。

◆春日・大畑氏の御縁にビックリ

（2010・2・19）

2月初旬のこと、知り合いのぱるす出版の編集長、春日榮さんから書籍が送られてきました。ぱるす出版は、J2現サガン鳥栖監督の松本育夫さんが、瀕死のガス爆発事故に遭遇しながら不屈の闘志で現場復帰を果たしサッカーへの思いを綴った本、『燃えてみないか今を』を刊行している東京の出版社です。

こちら、その『燃えてみないか今を』を読んで感動し、周りの皆さんにプレゼントしようと、10冊、20冊単位で熊本の書店に注文していたら、当の松本育夫さんが、「出版元に直接注文したほうが早く届くよ」と担当の春日さんを紹介してくれました。

それがきっかけで、お付き合いさせてもらっているのですが、ちょくちょく新刊も送ってくれます。

で、今回の書籍便繙いたら、『答えは現場にあり』というタイトルの本でした。そして、なによりビックリしたのは、その本の著者が、当方もよく存知あげている、九州ルーテル学院大学客員教授、大畑誠也さんだったからです。大畑さんと高校の同級生の、きもの着付けの先生に紹介していただきました。

大畑さんは、熊本の高校の校長を6校歴任した方です。「答えは現場にあり」には、その校長初任の高校で、「大きな声であいさつ」「大きな声で返事をする」「大きな声で校歌をうたう」「一日一回図書館に行く」という4つの目標を掲げ、家庭と地域とともに、生徒、学校を元気にしていく教育実践の過程が記されています。その中でも興味深い実践は、保健室がいつも満員の状態を改善する為に、「朝めし食うぞ！　キャンペーン」の展開です。どうしても朝ごはん食べてこない生徒には、ご飯と箸が立つほどの具沢山の味噌汁を用意し学校で食べさせます。すると午後の授業も眠くならず、だんだん成績も上がり、問題を起こす生徒も少なくなったといいます。

１６６ページ一気に読み終え、春日編集長に御礼の電話かけたところ、「清原さん、あなた、なんで大畑さん知っているの？」というリアクションでした。当方がお世話になっている、J2サガン鳥栖監督の松本育夫さんに紹介してもらった春日さん。

当方が知っている人と、もうひとりの知っている人がどこで出会ったのか……。たまたま、話のうまい大畑さんの講演を春日さんが岩手県盛岡で聞いたのがきっかけで、本の執筆を勧め、出版の運びになったそうです。

日は昇り、日は沈み、人は、出会いと別れをくりかえしながら生きていますが、今回は、点と点と点が結ばれて思いがけない三角形が出来上がりました。

人と人のご縁、つながりは、複雑怪奇でありながら、時には単純明快な線で結ばれることもあるようです。

お蔭で、3月13日のRKKラジオのインタビュー番組「この人に聞きたい」のゲストに、大畑誠也さんをお招きする段取りとなりました。

早朝6時からの放送ですが、どうぞお楽しみに。

野球日記

◆再会・塩崎真選手

（2002・1・5）

昨日のこと、シーズンオフで熊本・八代の実家に帰っていたプロ野球パ・リーグ＝オリックス・ブルーウェーブの塩崎真選手が、私を訪ねてＲＫＫにやってきました。久しぶりの対面でした。

彼は、10年前の1991年、熊本工業高校春夏甲子園出場の時のキャプテンで、卓越した野球観を持ち、シュアーなバッティングと堅い守備が光っていた選手でした。その当時、練習が終ったあと、18歳の高校球児と40歳のアナウンサーが二人、野球談義に花を咲かせたものでした。彼は、オジサンと対話の出来る18歳でした。マセてるわけでなく、野球を通して、透徹した目で自分自身をよく観察できる才能を持った選手でした。

「練習をやらされるのではなく、自分の創意工夫で野球はやるもんでしょう」。単なる、お山の大将、個人主義者ではない、一種エトランゼみたいな、いつも何か遠くを見つめてる、潤んだ目の輝きをした選手という印象がありました。

そんな高校時代、陽の当たるところ歩いていた彼が、大学に進学すると、すぐレギュラーになるものの半年で中退。何があったのか！　熊本に帰ってアルバイト生活も経験します。

そして、恩師の勧めなどもあり社会人野球へ……。人生の転機というのは、どこにどう潜んでいるのか分かりませんが、彼のドラマは続きます。

社会人野球3年半の努力精進で、96年ドラフト3位でオリックスに入団するのです。プロ5

年目の去年、２００1年は、一番ショートに定着し、１３２試合で打率2割6分2厘という成績でした。

昨日は、10年前の時のように、久しぶりに長い時間、2人で、「それからの塩崎」を語り合いました。彼曰く、「野球も財産、お金も財産ですが……。私にとって、恩師・部長先生など巡り合った人が、何よりの財産です。もちろんキヨハラさんも」。よく、プロの道に進んで、「天狗」になったりするという話を聞いたりしますが、彼の、人と接するスタンスは変わっていませんでした。ただ、人生観は進化していました。

人の話をよく聞き、自分をよく観察分析する能力には磨きがかかり、野球というスポーツを通して哲学する人間が、ひとまわり大きくなって私の目の前に存在していました。

新年早々、28歳になった、いい人と、いい時間が持てたなと思う一日でした。

塩崎真選手の２００2年の活躍を期待しましょう。

◆秋山選手引退

（2002・10・6）

R　ＫＫラジオの今シーズンのナイター中継は、今夜の秋山幸二選手の引退ゲームで終了です。熊本出身の秋山選手お疲れ様でした。
私は、１９８０年の夏の藤崎台。熊工対八代の甲子園を目指す熊本県大会決勝を昨日のことのように思い出しています。

秋山は八代高校のエース。熊工の3番は、あの伊東勤捕手（西武）。最終回、4対3と八代は一点リードしていました。9回表、熊工の攻撃……。2アウト3塁。バッター伊東……。敬遠の四球。伊東は7回に2ランホームラン打っていたから当然か？

勝負は2年生の4番石田と……。あと一人打ち取ると八代高は創部80年の悲願の甲子園。秋山はカウント2－0とたちまち追い込んで、次の球。外角低め速球ズバリ、す・と・ら・い・く！決勝戦スコアラーの私はゲームセットと思いました。

それほど素晴らしい伸びのある球でしたもの。しかし、判定はボール！　伊東は、この時、2盗。これが勝負のアヤだったのでしょうか……。球神はきまぐれですか？

石田は、2－2から秋山のカーブをたたいてワンバウンドでセンター前へ。長身の秋山届かず……。3塁から緒続、2走の伊東も生還し逆転……。結局6対4で熊工が勝って甲子園へ。

秋山は悲運のエースとして高校野球にピリオドを打つことになります。

でも、「これが結果として良かったかも」という人もいます。

もし、あの時、八代高校が甲子園に出場していたら、秋山は打者でなくピッチャーとして注目されていたかもしれないのです。そうしたら、プロ野球のバッター秋山の足跡、輝かしい打撃成績はなかったかもしれません。

秋山・伊東の両雄の22年前の藤崎台の決勝のシーン思い出しながら、今夜の秋山引退のラジオ実況を聞いています。

あの石田に投げた2－0からの一球が、秋山の球歴を運命づけたのか……。

熊工・伊東は、よくあの時2－0から次の球で2塁へ盗塁したものですよね。それで勝利の女神ひきよせて、甲子園出場。彼は甲子園でも2本ホームラン打って、西武に誘われます。

その後、この両雄は、西武ではアキ、ツトムの火の国仲良しコンビで活躍しますが、これも不思議なご縁なのでしょうか。

人生って分かりませんね。

なお、今夜の秋山引退の模様は、山崎アナ、福岡ドームで取材中です。明日、月曜日の夕方いちばんのＲＫＫニュースで詳しくお伝えします。ぜひ御覧下さい。

（2004・8・7）

◆熊工野球親子二代

立秋……あくまで暦の上ですよね。今日も暑かったですよね。その暑い中、甲子園の夏がはじまりました。開会式で熊本工業高校は5番目の入場。この中に、熊工野球部2世選手が2人いました。

一塁手の木村拓選手と三塁手の福島国広選手。父親は、ともに１９７５年（昭和50年）選抜甲子園に出場した木村誠也さんと福島幸一さん。29年前新人アナウンサーの私が藤崎台で実況していたときの選手が、もう既に父親……。その息子が甲子園……いろいろな感慨もありますが……。

今日の入場行進、誠也親父も幸一親父も格別の思いで見つめていたことでしょう。それにしてもあの当時の熊工の選手の名前は不思議にスラスラ出てきます。木村、福島のほかに、蓬莱（西武に行きました）、瀬高（熊高監督）、志方、西山、松本、迫、中村、岡野、国宗、西（彼の息子は熊工野球部一年）、宗像、荒木……今のエース岩見君を指導してる、林田孝史ピッチングコーチは、新一年生だった！

こんなにスラスラ覚えているのに、きのうの晩飯なんだったっけ？

◆ああ西鉄ライオンズ

（2005・2・24）

いつかの「アナウンサー日記」に往年の西鉄ライオンズのファンだったと書きました。1958年（昭和33年）の日本シリーズで、3連敗のあと4連勝して、巨人を破り優勝した西鉄ライオンズの戦いぶりを思い出すといつでも少年の日に戻れます。

小学2年生だったあの時の大逆転の感動が、自分の心の中のスポーツ感覚の原点だと思っています。

3年前、熊本県野球連絡協議会の八浪知行会長らの呼びかけで「明日の野球を考える会」の会合が、熊本市で開催された時のこと。プロ野球界からは、広島カープ元監督の古葉竹識さんや西鉄ライオンズOBの河村英文さん、中西太さん、稲尾和久さんが出席していました。その

会合に取材者として立ち会ったのですが、そのうちのひとり、お元気そのものだった河村英文さんが、この2月16日亡くなりました。鉄腕稲尾の別府緑ヶ丘高校の先輩で面倒見がよく、右サイドハンドから決め球のシュートがうなり快投を続ける河村投手のマウンド上の勇姿。あこがれの選手でした（その当時は、たしか河村久文の本名登録でした）。

昭和30年代、そんなむかしの選手知らないやという人も多くなりましたが、オリックスのピッチングコーチ時代、イチローから「おじいちゃん」と慕われていました。シュートピッチング同様はっきりものを言う辛口の野球評論、解説も好きでした。『伝説の野武士球団・西鉄ライオンズ』という英文さんが書いた本、大切にしています。今や伝説となった西鉄＝野武士球団の群像を活写した痛快な野球物語です。野球評論家の佐々木信也さんの巻頭言がふるっています。「河村英文投手は、それはもう『イヤラシイ』ピッチャーでした。内角ギリギリに『イヤラシイ』シュートほうってきて、たまにうまく打ってヒットにしたりすると、手を叩いてほめてくれたりして……」

九学、熊工野球部監督を歴任し、現県議会議員の八浪知行さんも主要な登場人物です。この一週間、その本をまた本棚から取り出し、読み返しながら、河村英文さんをしのび、今はもう消滅した球団＝西鉄ライオンズの活躍した少年の日々にタイムスリップしています。

あんなにわくわくさせてくれた奔放豪快な「あの野球」は、どこにいったのでしょう。

◆甲子園の心を心にして（2005・8・19）

8月17日の「熊本日日新聞」の「取材前線」という囲み欄に運動部の清島理紗記者が「第三の応援団」と題して甲子園球場のバックネット裏で、どこの代表チームを贔屓《ひいき》にするわけでもなく高校野球に熱い視線を送るオジサンたちのことを中心にこの夏の甲子園取材の体験を記していました。その書き出しを紹介しましょう。

「全国高校野球選手権県代表の熊本工を取材するため神戸入りした。甲子園球場は初めてだ。雰囲気を思う存分に味わっておこうと、暇さえあれば足を運んだ……」

この書き出しに思わず頷いている自分がいました。私の新人のころとそっくりなのです。私も、代表校同行取材の時、「空いた時間」さえあれば、甲子園に足を運んでいましたもの。最初の甲子園は1976年（昭和51年）でした。春の選抜甲子園でJNNの新人スポーツ研修会が開かれ、参加しました。甲子園にいる自分がうれしくて、集合時間前、何周も甲子園の周りを歩いたこと覚えています。一日目はTBS先輩の岡部達さんの実況研修でした。（この研修の同期に、いまも仲のいいTBSの松下賢次アナや宮澤隆アナがいました）

そして、夕方、甲子園近くの夕立荘で、解説者・青田昇さんの話を、全国の新人アナウンサーが車座になって聞く機会があったのですが、幸運なことに、青田さんの隣が私でした。

「野球は、次がどうなるかを推理する、いわば推理ゲームや。ただ実況だけがウモウなってもあかん。野球を推理できるアナウンサーになって欲しいな。そのためには野球を好きにならなあかん」。現役時代ジャジャ馬と言われた青田さんの、大きな張りのある声が耳元で響きました。

二日目は、MBSの香西正重さんが研修講師でした。香西さんは、昭和33年の春の選抜甲子園決勝、済々黌対中京商業戦の実況担当者で、その香西さんから実況の基礎を直々教えてもらったのも何かの御縁、私の財産となっています。

それから、何回、熊本県代表のリポートで甲子園に行ったのでしょう。その度に、清島記者と同じく「空いた時間」を見つけては銀傘の下にいました。それも、今のMDでなく重い録音機器持参で。その際、〝バックネット裏の住人〟と呼ばれる人たちからは、「このお兄いちゃんもよう恥ずかしがらんとシャベルでえ」と言われたものです。

NHKの西田善夫アナや島村俊治アナがラジオ放送席で、どういう表情で実況しているかもその近くで、観察しました（いわゆる見取り稽古です）。

暑い甲子園というイメージですが、アルプス席の最上段は、意外に涼しく、浜風に吹かれながら観戦したりもしました。

かちわり氷作っているところのぞいたり、かちわり売りのまねしたり、甲子園の中の有名な食堂で、昨日、島村俊治アナが座っていた席でカレー注文したり、子供っぽい思い出もあります。

清島理紗記者の記事を読んで、あのころの「純真」がよみがえりました。

それとともに、この夏、熊本工業が、なぜ、前橋商業に負けたのか、未だに「推理」している自分がいます。いくつになっても甲子園の心を心としている自分がいます。

◆桜美林から玉高への夢　濱田宏美さん（2005・9・16）

RKK熊本放送には、あらゆるところから様々な情報が寄せられます。放送局ですから、当たり前と言えばそれまでなのですが……。

昨日、私の卓上電話にかかった情報内容はこうでした。

「1976年（昭和51年）の夏の全国高校野球選手権大会で西東京代表の桜美林高校が初出場初優勝したときの監督、濱田宏美さんが、このほど、母校の県立玉名高校の野球部コーチに就任したとのこと」

昨日の午前中、この情報をキャッチした報道部の牧口部長からの電話でした。

「午後、濱田さんをRKKにお連れするけど、誰か、濱田さんのこと知っている？」

「知っているも知らないも、あの有名な人でしょう？　あの当時、熊本出身の若い監督が、体の小さい選手を率い、都会チームを初出場で初優勝に導いたって大いに話題になったでしょう？」

「よく知っているなあ。さすが亀の甲より歳のキヨハラだね」

この電話のやりとりで、濱田さんのインタビュアーは、必然的に清原に決定しました。急遽スタジオでお話を伺い録音し、RKKラジオの「スポーツのス丶メ」で放送する運びになりました。

昨日の晩御飯、何食べたか思い出せないこと、しばしばの私が、なぜ、29年も前の夏の甲子園の決勝を憶えていたのか……。それは、4対3の劇的な延長サヨナラゲームだったこと。相手が、強豪PL学園で、延長11回、レフトへ大きなサヨナラ打を放ったのが、菊地太陽という太陽みたいな笑顔の選手だったこと。エース松本をはじめみんな体が小さかったこと。初出場初優勝に導いたのが、実は、熊本出身の若い監督だったこと。そして、何よりも入社3年目、高校野球を勉強したい気持ちが旺盛だったからでしょう。

スタジオでの録音インタビューは、話がはずみました。桜美林から、茨城の清真学園に移り教頭職を辞して、母校玉高に帰って来たいきさつ……。常々、「玉高野球が、私にくれた全国制覇」とおっしゃっているが、その真意……。29歳だった青年監督も58歳を迎えましたが、高校野球を熱く語る目の輝きは、あのときのままでした。

そして、そもそも野球との出会いは、という質問に返った答えが「西鉄ライオンズ！」。ここで、意気投合して、お互い身を乗り出しました。（私が今も西鉄ライオンズファンという話は、何度も「アナ日記」に書いていることです……）

加えて、びっくり仰天、録音のVU計の針が大きく振れたのが、濱田さんは、玉名高校のエースで完全試合を達成した井上信明さんの一年後輩で、濱田さんも、その完全試合の時のメンバーだったという事実が分かったときです。井上さんは、立命館から九州産業交通のエース、監督を務めた方です。RKKの野球解説でも何度もお世話になりました。その井上さんと濱田さんの関係が、このインタビューで点から線になりました。

人と人との出会いは、不可思議ですね。29年前、甲子園5万6千の大観衆の前で、優勝監督インタビューを受けていた、ブラウン管の中で見た人が、熊本に帰って来て、母校愛、野球への情熱を語る……。その御縁の延長線上に、私の野球解説の恩人、井上信明さんが繋がっていようとは……。

ひとつの情報がもたらすものの重さ、大きさを痛感します。もしも、私の29年前の記憶が薄れていて、「そんな人がいたっけ」と情報提供に興味を示さなかったら、今度の日曜日の「スポーツのス、メ」は、違った内容になったことでしょう。

心にとどめることの大切さを改めて学びました。（これからは、昨日の晩御飯もしっかりと覚えることにしましょう）

桜美林高校が、夏の甲子園、初出場初優勝したときの監督で、この夏、母校の県立玉名高校の野球部コーチに就任した濱田宏美さんのインタビューは、ＲＫＫラジオ、9月18日午後5時40分から、「ＲＫＫスポーツのス、メ」で放送します。

玉高出身のシンガーソングライター関島秀樹さんが歌う「玉高を忘れない」もかけます。

ぜひ、聴いてください。

（2007・7・29）

◆八代東旋風

「風」は、自然現象としては「空気の流れ、気流、特に、肌で感じるもの」という概念ですが、実際、肌で風を感じなくても、この「風」の喩えは沢山あります。

この夏、高校野球熊本大会、藤崎台球場には「八代東高校旋風」が吹きました。ノーシードで駆け上がった準々決勝の矢部高校戦は、9回に3点差を追いつかれながら延長14回のサヨナラ勝ち。準決勝は城北高校戦、3対1とリードされた9回表、一挙6点を挙げての脅威の逆転勝ち。そして、九州学院との決勝戦は、6対4と2点差をつけられた8回、これまた一挙に4点を奪い8対6で九州学院を突き放し、34年ぶり3回目の夏の甲子園出場を決めました。

なんという粘り、試合を捨てない気迫。リードされても、バットの振りが鈍らない、思い切りのよいバッティング。強気の攻め。この姿、このようなシーンはどこかで見たことがあります。熱風の藤崎台バックネット裏で記憶をたどりました……。

そうそう、１９８５年（昭和60年）の元田保監督率いる熊本西高校の快進撃に似ています。バッターボックスに入るのが楽しくて楽しくて仕方ないような表情。のびのびとバットをフルスイングしてきます。

熊本西高校、あの時、決勝の相手は同じ九州学院でした。2対1とリードされた展開を中盤、エース広田のタイムリーでひっくり返し3対2と逆転、そのまま、広田の好投で逃げ切り、熊本西が甲子園初出場を果たしました。

その甲子園に出場する一年前の熊本西高校の3番バッターが、鬼塚博光選手でした。そう、今の八代東の監督さんです。よく、世間では、教え子は師に似るものだといいます。元田さんと鬼塚監督……。どこか指導、采配に共通点があります。今年の八代東は、その当時の熊本西高校に似ていると感じたのは、その所為だったのかもしれません。

大学卒業後、１９８９年、教職員採用試験の準備をしながら藤崎台の非常勤職員として、黙々とグランド整備に当たっていた鬼塚くん。日焼けした顔に白い歯、誠実な姿が昨日のことのように思い出されます。その彼も40歳、東稜、矢部、八代東、18年目の監督生活で初の甲子園です。

「これまで、率いてきた選手たちを泣かせてばかりでしたから、その先輩たちの思いも甲子園に連れて行きたい……」。モニターラジオで優勝インタビュー聞いたとき、こちらの心のファインダーに熱風があふれました。その言葉の中に、23年前甲子園に行けなかった熊本西のスラッガー鬼塚の思いも込められていたように思えて……。

八代東としては、好投手潮谷以来の34年ぶりの夏の甲子園です。藤崎台で、何か底知れぬたくましさを身につけた選手たち。全国の強豪相手にも、思い切りよくバットを振ってください。甲子園でも八代東の風が吹くことを願っています。

さて、「風」には、もうひとつ「成り行き、形勢、風向き」という意味もあります。参議院議員選挙と衆議院議員熊本3区補欠選挙の行方はいかに……。開票の結果、日本列島に、どんな「風」が吹くのでしょうか。

これから、こちらは、ＲＫＫラジオの開票特別番組の担当です。

（２００７・９・３）

◆前田智徳選手2000本安打に思う

プロ野球・広島の前田智徳選手が２０００本安打を記録しました。

アキレス腱痛めて、何度も苦難の状況があったにもかかわらず、18年のプロ生活で積み上げた2000本安打。それだけに余計にメディアの取り扱いも大きかったようです。熊本工業高校時代の前田選手を知る私も、個人的に快哉を叫びました。

孤高のバットマンとも寡黙な天才ともサムライとも形容される前田。片鱗は高校時代にすでにありました。熊工のグラウンド、取材に訪れて、ほかの選手のインタビューはすでに終わったのに、主将の前田がいない……。どこにいるのか探せば、まだバッティングマシーンケージの中。黙々と、まさに一心不乱の打ち込み。他を寄せ付けない形相。自分の世界、無我の境地。納得いくまで続く打ち込み。こちらは、納得を待つだけ……。

当時の田爪正和野球部長（現・熊本県立御船高校校長）が、毎日、個人練習つきあって、夜遅くまで帰れなかったエピソードがあります。まさに、高校時代から、孤高の練習の虫でした。一方では、人なつっこい一面もあります。心許した？　アナウンサーや記者には、気難しい顔ではなく、マエダスマイルで冗談話にも付き合ってくれました。

95年、アキレス腱断裂で入院していた東京の病院見舞ったとき、「広島の前田さん……。そんな人入院していません」。病院側は面会謝絶態勢でした。「熊本からやってきたのですが……」。気落ちした私の表情を見て、受付の人が気の毒に思ったのでしょう。ひそかに連絡を取ってくれて、病室見舞いが許可されたのでした。いや、前田が「清原さんならいいですよ。通してください」と答えてくれていたのでした。

病室に通されてびっくりしました。うんうん、唸っているだろうと思っていましたが、シャワー浴びたところで、バスタオルで髪を拭き拭きバスルーム出てきて上機嫌でした。アキレス腱のことなど少ししか話さず、「清原さん、どっかにシャープな女性はいないですかね」

シャープな打撃を誇る前田が「シャープな」という形容詞を使ったので、今でも、この言葉、シャープに記憶に残っています。

人生どこにどう赤い糸があるのか不思議です。アキレス腱に不安を抱え、アキレス腱に悩み、アキレス腱が敵だったのに、2000年に左のアキレス腱手術で入院中に「シャープな女性」と巡り会います。時に、アキレス腱は、「強者が持っている弱点、致命的なものとなる弱点」と比喩的な意味で用いられもしますが、この場合、二人にとってはアキレス腱は弱点にはならず、アキレス腱が縁で強く結ばれたのかもしれません。二人の子宝にも恵まれます。それも2000本安打への励み、快挙の支えとなったのでしょう。

テレビの映像で何度も報道される2000本目のシーン。88年、89年、2年連続で高校野球熊本大会決勝、藤崎台で放ったホームランの打撃フォームがダブります。特に、3年生の夏の逆転の一打は、凄味がありました。ボールが2つ先行した相手ピッチャーに、「勝負しろよ」というようなしぐさを見せます。その後の一球でした。バット一閃、ロケット砲のような軌跡。球はあっという間にライトスタンドに飛んでいきました。昨日のことのように思い出します。

あの時も、優勝インタビューで泣いていたなあ……。根は、純情な男なんです。

熊本で取材した選手が、偉業を達成する……。こちらも誇らしげな気分になっています。

藤村親子2代記

（2007・10・5）

おといの「アナ日記」でも青谷アナが綴っていましたが熊本工業高校の野球部主将、藤村大介君が、高校ドラフト会議で讀賣ジャイアンツから、1位指名を受けました。大写しでテレビ報道される記者会見の大介君を見て、顔立ちはお母さん似だなと改めて感じ、いろいろ往時の記憶を辿っていました。

藤村大介君のお母さん、由子さんは、高校時代は水泳の選手でした。こちらも一緒にプールで泳いだことが思い出されます。

父親の藤村寿成さんは、1980年（昭和55年）春の選抜甲子園出場の九州学院の俊足巧打のトップバッターでした。そのときのエースはロッテで活躍した園川一美投手。2塁手は現熊本ゴールデンラークスの藤本浩二ヘッドコーチ。

この年は、熊本から沢山の逸材が出ています。夏の甲子園出場は、準々決勝で九州学院を1対0で破った熊本工業高校。熊工3番は決勝戦でホームランを放った伊東勤＝現西武ライオンズ監督。その決勝戦の相手投手は八代高校の秋山幸二・現ソフトバンク2軍ホークス監督。八代高校1塁手は、現熊本県高校野球連盟菅浩理事長。

当時の熊工監督は今も熊工を率いる林幸義さん。その林監督のお姉さんの子が寿成さん＝（つまり林監督の甥っ子が寿成さん）

その甥っ子の九州学院トップバッターの足を封じるために林監督は、外野手だった強肩伊東勤をキャッチャーにコンバートします。つまり、西武のキャッチャー伊東の基を造ったのは、藤村大介君の父親だったのです。

その後、父親寿成さんは、熊本の社会人野球で活躍します。そして、由子さんと巡り会います。

水泳と野球のコラボレーション……。それが、甲子園でも披露されたストライドの大きいスピード走塁法として見事にDNAが息子に受け継がれたと見ています。

昨日、熊本工業高校を指名後の挨拶に訪れた巨人の山下哲治スカウト部長は、「足を使った選手になって欲しい」と語りました。

「バッティングにはスランプがあるが、足にはスランプなし」と言われます。お父さんもお母さんもよく知っているアナウンサーとして、「無事是名馬」どうか怪我なく活躍して欲しいと願わずにはいられません。

（2007・12・28）

◆さよなら鉄腕稲尾

年末のある週刊誌に追悼グラビア「忘れがたきあの日あの人」と題した今年旅立った人たちをしのぶ特集がありました。

その中に、稲尾和久さん　元西鉄投手の顔もあり、「訃報に接しOBは『西鉄』は終わったと語った。だが年間42勝、日本シリーズ4連勝の鮮烈な記憶が私たちから消えることはない」

というコメントが添えられていました。
そうです。そのとおり！　往年の西鉄ライオンズファンの私にとって鉄腕稲尾は、心のスーパーヒーローだったのです。

遠い日の少年の記憶がよみがえります。

１９５８年の日本シリーズで、西鉄は３連敗のあと４連勝して巨人を破り劇的な優勝を果たします。その奇跡の大逆転の優勝には、いくつもの運命的な伏線、無数のターニングポイントがありますが、私の心の中のスポーツ感覚の原点は、第５戦の終盤の攻防でした。

西鉄は、シリーズ第４戦に勝っても１勝３敗の剣が峰に変わりはなく、しかも、この平和台での第５戦は、９回裏２アウトまで巨人に３対２とリードされていたのです（バックネット裏では、着々と巨人優勝の表彰式の準備が進んでいたとか……）。

この９回裏、小渕の２塁打が、３塁線フェアかファウルかで大揉めに揉めます。この日、１９５８年10月17日は金曜日でした。当時三角小学校２年生だった私が、学校帰りに三角駅近くの黒山の人だかりにもぐりこんで、ドラマチックなシーンを街頭テレビで見ることができたのは、この長時間のサード長嶋の抗議のお陰でした。ゲーム再開、３番豊田送りバントで小渕代走滝内は３塁へ進みます。ここで登場は、４番中西。しかし、中西は、肝心要のこの打席、初球を打ってサードゴロ……。ランナーは３塁そのままで絶体絶命の２アウト……。

立ちはだかるのは、巨人のエース藤田元司。巨人ファンの多い黒山のおじさんたちは勝利を確信した表情でした。ただ一人（だったでしょう）キヨハラ少年だけが、打席に入る５番関口、なんとかして！　と奥歯噛み締めて見守っていました。少年の心臓は、早鐘を打っていました。

関口は、粘って藤田のシュートをセンター前に運びます。そのゴロの打球の遅かったこと……。テレビ画面に向かって、抜けてくれと念じていました。黒山から「なんだこれは！」という、どよめきが起きました。キヨハラ少年だけが、声を出さずに、同点になったことで、ほっと胸を撫で下ろしていました。そうそう、その後です。３対３の同点から、10回の裏、稲尾のサヨナラホームランが出たのは。「神様、仏様、稲尾様」という言葉が生まれたシーンを目の当たりにしたのです。

スポーツに心躍らせ、胸ときめかすことができた、人生はじめての体験……。その日から、鉄腕稲尾は、私の心のスーパーヒーローとなった次第です。

あの時のドキドキ、ワクワクする興奮と感激の気持ちが、アナウンサーになってスポーツシーンに立つ自分をずっと支え続けてくれました。

今年、いぶし銀と言われた関口清治さんも、鉄腕稲尾和久さんも鬼籍に入りました。

昭和がまた遠くなりつつありますが、人は、悲しみを乗り越えて、生きていかなくてはなりません。

私の心の中に、あの栄光の西鉄ライオンズを生かし続けていかなければと思う年の瀬です。

◆伊東勤講演会　余情……（2008・2・22）

余情……。

広辞苑には、「ある行為や表現の目に見えない背後に、なお深く感じられる風情。行為や表現のあとに残る、しんみりとした美的印象。言外の情趣」とあります。

一昨日2月20日、熊本市体育協会主催で熊本工業高校出身、プロ野球前西武ライオンズ監督、今年からプロ野球解説者となる伊東勤さんの熊本市民スポーツ講演会が熊本テルサで開催されました。光栄なことに、高校時代の伊東勤選手を知る私が、トークショー形式の聞き手として起用されました。

伊東さんは、小学校高学年のとき、まわりの選手を見て早くも「自分は、プロ野球選手になれる」と確信したのだそうです。一般的に「将来、プロ野球選手になりたい」という憧れは、多くの少年が抱く夢の一つでしょうが、伊東さんの場合は、決して思い上がりではなく、その時、すでに人生の高い目標を設定できたのだそうです。

そうして、高校に進学した熊工時代、1980年の夏の藤崎台、甲子園を目指す熊工対八代の熊本県大会決勝戦も熱く振り返ってくれました。

八代高校のエースは秋山幸二。熊工3番は伊東勤。のちに西武で活躍する二人の対決は、今も語り草になっています。

伊東・秋山、両雄の28年前の藤崎台の決勝のシーンを、伊東さんは、鮮明に覚えていました。

最終回、4対3と八代が一点リード。9回表、熊工の攻撃……。2アウト3塁。秋山は、あと一人打ち取ると八代高創部80年の悲願の甲子園出場が叶う場面。ここで登場するのが、3番バッター伊東勤……。しかし、八代高校秋山は、敬遠の四球。伊東は7回に2ランホームラン打っていたから敬遠も当然かと思われましたが……。

今回、伊東さんは、「この敬遠のフォアボールが未だに理解できない」と語りました。「だって、あと一つアウトとれば、八代高校は良かったシーンですよ」ときのうのことのように振り返ります。

9回2アウト、ランナー、3塁、1塁。勝負は2年生の4番石田と……。

秋山はカウント2－0と、石田をたちまち追い込んで、次の球は、外角低め速球ズバリ！素晴らしい伸びのある球でした。しかし、判定はボール！　伊東は、この時、2塁へ盗塁します。これが勝負のアヤだったのでしょうか……。

石田は、2－2から秋山のカーブをたたいてワンバウンドでセンター前へ。3塁から緒続、2走の伊東も生還し逆転……。結局6対4で熊工が勝って甲子園へ。

あの石田に投げた2－0からの一球。

「よくあの時伊東さんは、2－0から次の投球で2塁へ盗塁しましたね」と聞けば、伊東さんは、「だってあの当時、僕は足が速かったんですよ。だから4番でなく3番だったのです」。その3番伊東には、この時、いつでも盗塁ＯＫのサインが出ていたそうです。ワンヒットでの逆転に結びつけた2－0からの勝負をあきらめないスチール。いや、勝負に出た2盗だったのです。その絵解き……。

スポーツは、その時、生で見て、ドキドキ興奮しますが、何年もあとで謎が解けて、改めてエキサイトするものです。これもまた味があります。

そうして、ステージ上、乗りに乗ってきた伊東さん。このあと西武時代の苦労話、裏話など、立て板に水で話してくれました。

あっという間に過ぎる講演時間……。伊東さんの締め括りの言葉は「感謝」でした。

プロ野球生活、大きな故障、怪我しない体に生んでくれた両親に感謝します。野球を教えてくれた指導者、応援してくれたファン、支えてくれた家族……皆さんに「感謝」しています。

「野球が教えてくれたこと、それは『感謝する心』でした」

そう語ったとき、伊東さんのまぶたの辺りが赤みを帯びました。聞き手のこちらも不覚にも目頭が熱くなりました。

功なり名を遂げ、西武の監督として日本一にもなった人ですが、28年たっても、地元のアナウンサーに、高校時代と同じく素直に、謙虚に、優しく接してくれました。

一筋に、ひたむきに人生を歩む人には、特有のオーラがあるものです。

伊東さんの余情が、今夜も私を包み込んでいます。

◆済々黌センバツ優勝50年

（2008・4・4）

80回目の記念大会となった甲子園の選抜高校野球は、今日決勝戦が行われ、沖縄の沖縄尚学が9対0で埼玉の聖望学園に勝って優勝しました。沖縄は今日、優勝の喜びで盛り上がっていることでしょうが、50年前の4月は、熊本が大いに興奮状態でした。

第30回選抜高校野球大会で済々黌が中京商業を破って優勝したのです。史上初めて紫紺の優勝旗が関門海峡を越え九州・熊本に翻ったのです。

熊本日日新聞社の『くまもと熱球100年』という写真集を繙けば、済々黌ナインが帰郷した熊本駅前には2万人のファンがつめかけ大歓迎の人波です。ベスト4の成績だった熊工ナインも加わった白川公園までの4キロのパレードでは、沿道20万人の人出という資料が残っています。

駆け出しのアナウンサーの頃、当時の主将、末次義久さんにいろいろと話を聞かせてもらったこと思い出しています。

優勝したのは4月10日のことです。もう新学期も始まっている頃になぜ決勝戦が行われたのか……。なんと大会開幕が4月1日で、10日間の日程でした。入場行進曲は「クワイ河マーチ」。途中、ストライキなどもあり、トラックで球場入りしたこともあったそうです。

優勝パレードは4月12日……。優勝御褒美で東映の撮影所など見学したりしました。映画スター大川橋蔵との記念写真も残っています。12日に国鉄で帰熊しましたが、関門トンネルでは、一旦列車を降り、ジープでパレードしたそうです。

どんなチームだったのですか？「とにかく強かった」そうです。「それぞれが個性あふれて野球をよく知っていた」そうです。末次さんは、自分の左手見せてくれました。基本に忠実に人さし指の付け根のところでしっかりとボールを捕っていたので、腱が切れてしまったそうで、今もほかの指に比べ、左人さし指の爪の伸びが遅いそうです。

そういえば、ＲＫＫラジオの決勝戦実況特別番組のテープが残っています。実況は、大阪、ＭＢＳ毎日放送の香西正重アナウンサー。熊本上通りの特設応援会場リポート担当が、ＲＫＫの青木寛アナウンサー。

香西さんは、絶叫調でなく端正な実況描写で知られた先輩アナウンサーですが、ショート末次のところに打球が行くと、決まってさらに落ち着き払った実況になるのです。実況アナウンサーまでも信頼させる、安心させる、それほど末次さんは安定した守備を誇っていたのでしょう。「名手末次、なんなく捌きました」という実況が、末次さんの堅実かつ美しいフィールディング、音の世界での想像を一段と掻き立てます。

そして、優勝が決まっての熊本上通りの特設応援会場、懸河《けんが》のドロップの城戸優勝投手のお母さんがインタビューに登場します。青木アナウンサーが、「甲子園の城戸投手とつながっています。お母さんお話ください」「博ちゃんよかったね。おめでとう。電報読んだね」「電報？そぎゃんとは読んどらん」……。

携帯電話の普及した今では、考えられないようなやりとりもありました。

あれから50年……。済々黌野球ＯＢ会から、優勝50周年記念碑除幕式と記念式典の案内状が届きました。

期日は、4月12日。奇しくも優勝パレードしたその日です。

3月17日に九州運動記者倶楽部の総会が福岡で開かれました。その席上、ゲストのソフトバンクホークス王監督に挨拶する機会に恵まれました。

「王さん、準々決勝で済々黌と対戦したあのセンバツから50年です。済々黌には記念碑が建つそうです。末次さんが、よろしくと言っていました」

そうしたら、今まで今シーズンのホークスの話をしていて、まさに監督の表情だった王さんが、遠くを見つめるような目になって、「そうそう、末次くんには、よく打たれたんだよなあ」と言って少年の表情になってニコっとワンちゃんスマイルになって、「おめでとうと伝えておいてください」と言ってくれました。

末次さんは、この時の準々決勝、王投手から4打数4安打でした。打たれた王さんも、50年前のことをよく覚えているものだなあと感心しました。王さんの、遠くあの日を見つめるような目が印象的でした。

本当にあれから半世紀がたつのです……。あれ以来、熊本県から高校野球の優勝校は誕生していません。

50年前の活躍を振り返ることも大切ですが、「とにかく強かった」と誇れるような次に続くチームが熊本に早く出てきて欲しいものです。

ラグビー日記

◆蔵元急逝悲喜こもごもの春

（2006・4・14）

花咲き、木々も芽吹く爛漫の春を迎えていますが、こちら悲喜こもごもの4月です。

前熊本工業高校ラグビー部コーチで、熊本県ラグビー協会社会人部会の要職にあった蔵元義国君が、先日、急逝しました。享年44。

教育界、学校の先生は、教え子の成長が誇りであり一つの財産と、よく耳にします。放送界、スポーツアナウンサーにとって、実況した選手の成長は、学校の先生の感慨とは、角度、質は違うかもしれませんが、ある意味、この上ない喜びであり、自分の心の中の宝物となっています。

蔵元君の存在は、かつてのラグビー実況アナウンサーにとっての大切な宝物の一つでした。

ＲＫＫの高校ラグビーの中継放送が始まったのは、1977年（昭和52年）です。その記念すべき実況担当アナウンサーに指名されたのが、私でした。「キヨハラ、お前、学生時代サッカーやっていたんだから、フットボールの兄弟みたいな、ラグビーもやれるだろう」……。少々乱暴な脈絡の実況抜擢でした。

サッカーとラグビー……。似て非なるものです。実況に必要なルールの勉強もさることながら、ラグビー競技の動き、プレーそのものを理解しなければなりません。

そこで、当時の熊本県ラグビー協会矢野康理事長の助言もあって、熊本工業のグラウンドで、スクラムの組み方から、ランニングパスまで教えてもらい高校生と一緒に汗を流しました（あのころ私も若く、元気がありました……ハハ）。

そのとき、新米ラグビー担当アナウンサーに人懐っこく声をかけてくれたのが、まだ一年生で控えだった蔵元君だったのです。いろいろ、ラグビーの初歩の初歩を親切に教えてくれました。彼は、その後１９７９年度の熊本工ラグビー部のＮＯ８、主将として活躍します。ちなみに、記念すべき第1回のＲＫＫカップラグビー大会の覇者は、この年の熊本工業。主将としてＲＫＫカップを手にしたのが蔵元君でした。

しかし、念願だった花園出場の夢は、私が実況した中九州大会で佐賀工業に僅差で敗れ、果たせませんでした。その悔しい思いが、現役引退後も、彼を、熊工のグラウンドに立たせしめたのでしょう。とにかく後輩の面倒見のいい男でした。

そう、実況担当しただけのアナウンサーの面倒見もよく、ちょくちょく連絡してきました。彼との御縁は、その後も深まって続きます。卒業後、彼は、熊本市消防局に奉職し、消防局ラグビー部を率い支えます。ラグビーが友であり、ラグビー命の人生が決定的なものになりました。

その間、彼の結婚披露宴の司会を務めました。「高校生の時からの約束だったでしょうが」と言われました。大きな体に似合わず、高校生の時から、そんな「予約」をする純な面もありました。そうそう、彼の「予約」は、こればかりではありませんでした。子供が生まれ、斗翼《トライ》と名付けました。

さる日さる酒場で出会った時のこと……。

「斗翼にも熊工でラグビーさせるけん、その時は、キヨハラさんに実況を頼みます」

「おいおい、斗翼くんが高校生になる時は、私は定年退職かも……」

「いや、計算したら、まだまだ現役です。ぜひ、親子2代の実況を予約しときます」心地よいアルコールにも後押しされ、この「予約」は、彼のスクラムトライとなりました。そんな彼が、去年、熊本市消防局を退職し、居酒屋を開業しました。きっと、共にグラウンドを走りまわり汗を流した仲間や、職場の同僚が、気軽に集まることの出来る場を提供したかったのでしょう。屋号は「トライくん」。私も、1月になって、お祝いを持って店を訪れました。当時の監督、小山吉一先生、熊工OB一つ先輩の永野昭敏君とともに昔話に花を咲かせ楽しかったこと……。

しかし、それが、最後になるとは……。4月4日、彼は「トライくん」の店で倒れ、帰らぬ人となりました。あんなにラグビーで鍛えた頑丈な体だったのに……。

短い命をかけて咲き、潔く散っていく桜の花と、彼の人生が重ね合わさる春となりました。亡くして分かる宝物の存在感……。ラグビーをこよなく愛した男の残していった余情……。スクラムトライされた「予約」……。借りを返す人生が、待っています。

（2006・11・24）

◆蔵元が降りてきた……

普段からあまり信心深くもなく信仰心のある方ではありませんが……。

昨日、雨の水前寺競技場に一人の男が天国から降りてきて、自らも黒いジャージ着て、一緒に楕円形のボールを追っているような、そんな錯覚をおぼえてなりませんでした。

第58回全国高校ラグビーフットボール大会熊本県予選、熊本工業高校対荒尾高校の決勝。RKKでは、この水前寺競技場の花園をめざす戦いの模様を深夜に録画放送しました。両チームの一進一退の息詰まる攻防は、7対5、熊工2点リードのロースコアのまま、後半の山場を迎えていました。

熊工ベンチサイドのカメラが、中田部長膝元に抱かれた大きな写真額をとらえました。すかさず、実況の山﨑アナウンサーが、「この春に急死した蔵元義国FWコーチの遺影です」とフォローしてくれました。蔵元義国、長年、熊本工業高校ラグビー部コーチを務め、熊本県ラグビー協会社会人部会の要職にあった彼が急逝したのはこの4月でした。享年44。

彼との間柄は、4月14日のアナウンサー日記に書いたとおりです。

永野昭敏熊工ラグビー部OB会副会長の話です。昨日、決勝戦の朝、永野昭敏副会長は、蔵元君の墓掃除をし、お参りをした後、蔵元家を訪れ、母上のお許しを得て遺影を水前寺競技場に運び込みました。それを中田部長がベンチで手にしていたわけです。

結局、昨日の決勝戦は、7対5、熊工2点リードのロースコアのまま、ノーサイドを迎え、熊工が実に12年ぶり27回目の優勝を飾りました。何も、遺影がベンチにあったから、熊工が勝ち、荒尾が負けたというわけではありません。前半の7対5のスコアのまま、後半は激しい攻防にもかかわらず得点が動かなかった接戦。両チームとも、持てる力、自分のいいところを出し合った近来希に見る好勝負でした。

ただ、深夜の録画放送を一人で見ていたせいでしょうか、かつてのラグビー実況アナは、どうも、やはり、あいつが天国から舞い降りてきて、伝統の黒のジャージ着て、一緒に戦っていたように思えてなりませんでした。「そういえば、あいつ、雨の日の試合好きだったよな」とひとりごちながら……。

高校生の選手より当たりはばからず男泣きの伊藤監督の姿が、12年間も花園から遠ざかっていたチームの勝利を象徴するシーンでしたが、今朝の〝熊日朝刊〟の記事を見て、蔵元はやっぱり来ていたんだと確信しました。

「絶対勝つんだ」後半開始直前、心筋こうそくで4月に急死した蔵元義国コーチの遺影を指さして小幡主将は言った。

「みんな、蔵元コーチが見てるぞ。花園へ行こうぜ」

スポーツの神は、時として、人情話を超えた何かの力を選手の心に与えたりするものなのでしょうか。深夜の録画放送が終わったあとに、仕事柄、私的に勝敗に肩入れする者であってはならないことを肝に銘じつつも、うんと、うんと冷えたビールを天国のＮＯ８に捧げた夜でした。

ああ感激の胸打ち奮う。思いを遂げる時は来り。我らが命、ラグビーの名に込めてぞ香る

熊工魂（熊工ラグビー部部歌）

熊工は、接戦で涙を飲んだ荒尾の心も、蔵元先輩の心も心として、12年ぶりの花園でこの部歌を歌い、思いを遂げて欲しいものです。

◆小山先生退職悲喜こもごもの心もよう。

（2007・3・30）

桜咲き、春爛漫ですが、いつものことながら春は悲喜こもごもの心もようです。先日の教職員異動の新聞報道の中にも、出会いがあれば別れがあります。

高校教諭退職の欄に「小山吉一」の活字がありました。小山吉一先生、熊本工業高校ラグビー部監督・部長を長年にわたり務めた方です。RKKの高校ラグビーの中継放送が始まったのが、1977年（昭和52年）です。全国高校ラグビーフットボール大会中九州大会決勝、熊工対佐賀工戦。その記念すべき実況中継アナウンサーが私でしたが、その時すでに小山さんは熊工の監督でした。『熊工ラグビー60年史』によると1971年（昭和46年）、熊本工業機械科着任とあります。野太い声、豪快な風貌なのに、笑えばえくぼの童顔。ニックネームは、体の如く「クマ」。熊工輩出の日本代表の川地光、光二兄弟を育てた人に、新人のアナウンサーは、一から「ラグビー」を教えてもらいました。

その小山さんから、おととい、退職記念「どろんこ」と題した小冊子、自身の筆文字での語録が届きました。メッセージが添えられています。

「三十六年の教職員生活を終えます。何もできませんでしたが、あなたたちからもらった力、あなたたちと向かい合った愛は、真実そのものです。男と男がロマンを求めて生きた青春の日々を語録にしました。小山の始末として、ご笑納ください」

聞けば、自身のラグビー部の教え子全員に贈ったものだとか。浪花節きよさんの涙腺がゆるみます……。その小冊子が、番外の私にまで届けられた。……小山さんは、私を教え子の一人と思ってくれていたのか……。そんな思いで、ページをめくれば、なおさら目頭が熱くなってきます。

「人は思い出を懐かしむものである。それを追憶という。人生の道くさでもあるし、生きる糧でもある。輝いた日々を今ここに」

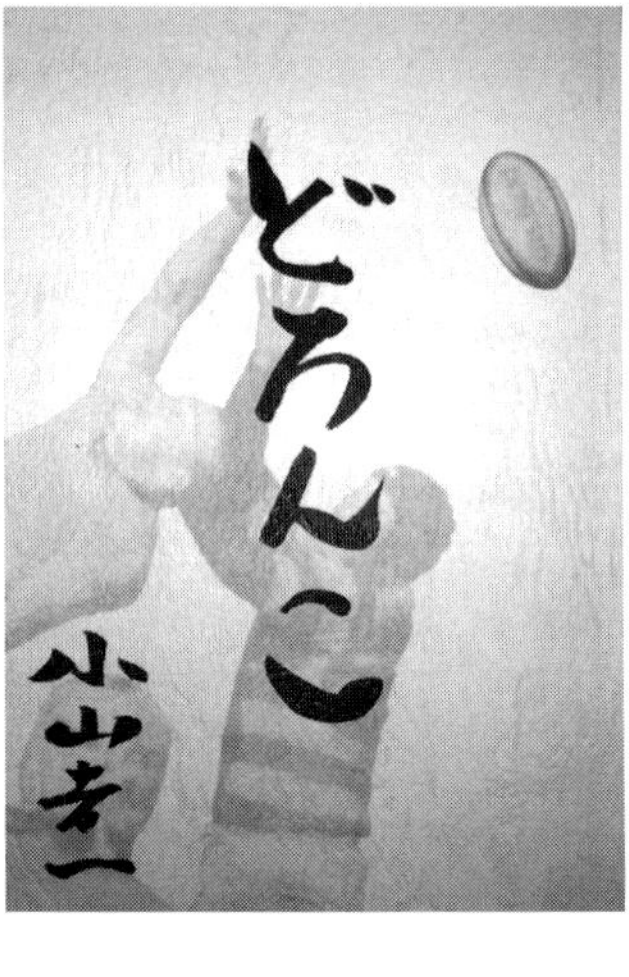

「昔はよかった　走れたもん」

「最後の試合　悔しくもあり　安堵もあり」

「陸上水泳　いくぞ　セーヴィングじゃねえか」

「試合後の褒美は　ランパスか」

「汗が目から出るの　経験したことある」

「空まで飛べか　今はいいよな　かかえてもらえるから」

「涙の味知ってる？　苦いよな」

「どろだらけの顔に　ひとみが　輝いていた」

「立田山　走るところじゃなかったんだ　桜の名所だったのか」

「泣いたから　笑顔が　生まれた　地獄も見たから　優しくなれた」

「湯布院は　温泉地なんだ　地獄じゃ　なかったんだ」


そして、一字一字噛み締めた最後のページ……。

「酒の肴は　お前でいい」

そう言えば、教え子のひとり、熊工ラグビー部コーチ、熊本県ラグビー協会社会人部会の要職にあった蔵元義国君の急逝から一年経とうとしています。4月4日は一周忌です。「酒の肴は　お前でいい」。どうやら「どろんこ」の小冊子は、天国にも届けられたようです。

という訳で、番外の教え子は、4月に小山先生を囲む会を設けることにしています。

◆小山吉一先生引退記念

（2007・7・9）


その楕円形のボールは、梅雨の晴れ間の青空に向かって高く舞い上がりました。

まるでラグビー指導書にある、お手本のような正確な左足インステップのパントキック。勢いを得たボールは滞空時間の長い放物線を描きながら、10メーターラインを超え、水前寺競技場の緑の芝生に大きく弾みました。湧き上がる大きな拍手……。6月30日、小山吉一先生退職記念招待ラグビー試合のキックオフセレモニーの光景が思い出されます。

小山吉一さんは、熊本工業高校ラグビー部監督を通算24年にわたり務めました。この間、花園出場6回、日本代表の川地光、光二兄弟、中居智昭を育てた名指導者です。

この春、熊本工業高校機械科を定年退職しました。その小山さんの退職をお祝いしようと、ラグビーの教え子たちが、トップリーグのチームを招いての「退職記念招待ラグビー」を企画しました。きっかけは、熊工ラグビーOB会の永野昭敏副会長と蔵元義国総務委員長の会話から。

「記念品や感謝状では、通り一遍だね」

「贈り物はでっかくトップリーグの招待試合で行きましょうよ。元日本代表監督の向井昭吾さんは旧知の間柄だし相談してみますから」

最初はとてつもない話と思われましたが、熊工ＯＢのいるコカコーラとホンダの両チームが快く遠征費自己負担で応じてくれました。小山さんにとっては、この上もない粋なビッグプレゼントになりました。

小山さんと私との関係は、3月30日の「アナウンサー日記」につづったとおりです。

ＲＫＫの高校ラグビーの中継放送が始まったのが、１９７7年（昭和52年）。その記念すべき実況中継アナウンサーが私でした。小山さんに一から「ラグビー」を教えてもらいました。髭濃く豪快な山賊のような風貌に野太い声、ニックネームは体の如く「クマ」。

正直、最初は、近寄りがたく怖かったのですが、笑えばえくぼの童顔で気さくな人でした。ラグビーにかける情熱と人柄に惹かれ、お酒の飲み方も教えてもらい、長いお付き合いになりました。そして、この3月には退職記念「どろんこ」と題した小冊子をいただきました。小山さん自身の筆文字での語録です。聞けば、自身のラグビー部の教え子３００人全員に贈ったものだとか。その小冊子が、番外の私にまで届けられた……。小山さんは、私を教え子の一人と思ってくれていたのでしょう……。

そんな思いを胸に、番外の教え子は、「退職記念招待ラグビー」の後、熊本市内のホテルで開催された小山先生を囲む会の司会を、ご恩返しの気持ちで志願しました。集まったのは、熊工ラグビーの教え子たち、１５０人。小山先生お祝いイベントの発案者、蔵元義国君は、残念ながら去年、急逝しましたが、この日は、来賓として招待されていました。遺影を手にした代理出席の母親の喜代子さんも感慨深げの面持ちでした。

昼間のにぎにぎしい招待ラグビーの雰囲気とは趣を異にしたお祝い感謝の夕べ。３人の部長先生と蔵元君はじめＯＢ４人の物故者に黙祷をささげた後、小山さんの挨拶は、感極まったトーンで始まりました。

「この3月、36年の教職員生活を終えましたが、あなたたちから貰った力、あなたたちと向かい合った愛は、真実そのものです。引き返すことも、やり直すことも出来ないのが人生です。あの日習ったことを、覚えたことを、涙流して支えあった友情を、どこかで活かしながら夢を追い続けてください。子育て真っ最中の人もいるでしょうが、どうか子供をしっかり抱きしめてやってください」

24年間にわたり、中には〝悪ゴロ〟もいたラグビー部員を熱き指導とともに抱きしめ続けた教育者の言葉は、ずっしりと重く響きました。

これに対し、教え子を代表して、元日本代表の川地光さん（キュウデン・グッドライフ取締役）が感謝の言葉を述べました。「日本代表になれたのは、先生に基本を教えてもらったお蔭なのです。パスは、ボールを受ける相手が取りやすいように心を込めてやるように、キックもタックルも気持ちを込めることを教えられました。その土台が、あったからこそ」と基本の大切さを強調しました。

なるほど……。昼間のキックオフセレモニーで小山さんが蹴ったパントこそが、日本代表原点のお手本のキックだったのか、35年前、入部したての川地光少年に教えたまんまの再現キック……。惚れ惚れする、なんと美しい放物線だったことか……。

この師ありてこの教え子あり。

卒業後、何年たっても、繋がっているパッション。ラグビー精神のバインドの強さ、固さ。男同士の友情。なんとも言えないスポーツマインドのぬくもり……。

時間が止まって欲しいと思った交流のひとときを、今も思い出しています。

熊本弁注　悪ごろ＝元気のいい暴れん坊

（2009・4・5）

◆蔵元義国君を偲ぶ会

4月3日の夜に開かれた、その会は、乾杯はなく、献杯。黙祷にはじまり、黙祷で結びとなりました。その間、集う140人に涙と笑いが交互に訪れる不思議な会でした。

熊本市内のホテルの会場中央には、「『蔵元義国君』を偲ぶ会」と大書してありました。

蔵元義国君、熊本工業高校ラグビー部コーチを永年つとめ、熊本市消防局のラグビー部を立ち上げ、活躍し、熊本県ラグビー協会社会人部会の要職にありました。

そのラグビーで鍛えた頑丈な体の彼が、心筋梗塞で急逝したのは、2006年4月4日。享年44。

息子には斗翼《とらい》と名づけ、消防署を退職し開店した居酒屋の屋号も「トライくん」、文字通りラグビーをこよなく愛した人生の盛りに、「トライくん」の店で倒れ、帰らぬ人になりました。かつて、蔵元君の高校時代のラグビーの試合を実況し、縁あって結婚披露宴の司会まで仰せつかったアナウンサーに届いた招待状には、以下のことが書いてありました。

早いもので義国君の突然の訃報を聞いて丸三年、四回忌を迎えることになりました。彼はラグビーを通して、消防署のチームを押しも押されもせぬチームに仕上げて参りました。また、熊工の後輩の指導にもあたり、全国大会を目指し、これでもかと厳しい練習に取り組ませてきました。本当に情熱の男であったと思います。

一粒種の斗翼《とらい》君もラグビーを志し、熊本市立出水中学校でラグビー部に所属し中学生の全熊本に選抜されるほどの選手になりました。この度父親と同じ熊工を目指し、見事前期選抜試験で合格することができました。今後もラグビーを続け、父親の後を追うことになります。義国君に縁を持ちました者として、お祝いと共に、教育援助の手助けができるならと思いまして、偲ぶ会を催す運びとなりました。

呼び掛け人は、熊本市消防局ラグビー部元部長の荒木誠さんと熊本工業高校ラグビー部元監督の小山吉一さん。

集まったのは、消防関係、熊工ラグビーOB、教え子の保護者、治療院の先生などに加え熊本県ラグビーフットボール協会はもとより、佐賀、宮崎、鹿児島の協会幹部の方々、合わせて

140人にのぼりました。

それぞれ、彼がどんなにラグビーを愛していたか、どんなに生一本の豪快な性格であったかを語っては、涙ぐみ、一方では、天衣無縫、強引マイウェーのエピソードの数々に笑いが寄り添いました。

One For All All For One　一人はみんなのために、みんなは一人のために＝ラグビー精神のつながりの強さ、心意気、なんとも言えない情のぬくもり……。

亡くなってから4年たっても、これだけのゆかりの人を集めしむる人柄と、トライと名づけた息子が、同じ高校に入学しラグビーに打ち込むドラマチックな展開。

中学に入る春、葬儀のときには、まだまだ幼く華奢に見えた斗翼くんが、身長180センチ、父親そっくりの大きな体つきになり、「入学したら、勉強もラグビーもがんばります」と頼もしい挨拶をしました。

周囲の期待の大きさに、戸惑い、ラグビーやりたくないと反発する時期もあっただろうに、父親譲りのクルっとした大きな瞳が、この日の決意の固さを物語っていました。

♪死んだ男の残したものは、ひとりの妻とひとりの子供、ほかには何も残さなかった……

ふと谷川俊太郎作詞の歌のフレーズが頭を過ぎりました。

倒れながらもボールを繋ぐ……。倒れながらも命を繋ぐ……。

ラグビージャージの遺影が、微笑みながらかつての実況アナウンサーに自慢気に語りかけてくるようで、ラグビーをこよなく愛した男の残したひとり息子の成長に、魂を揺さぶられる夜となりました。

◆人生足別離

（2010・3・31）

年年歳歳花相似たり、歳歳年年人同じからず……。

毎年、この時期、お付き合いのある方たちの人事異動、新聞発表を見て、劉廷芝《りゅうていし》の唐詩の一節を思い浮かべていましたが、この春は、とうとう自分自身も「歳歳年年人同じからず」の一人となってしまいました。

明日、4月1日付けで、報道制作局専任局次長兼ＲＫＫ学苑長を拝命することとなり、「アナウンサー日記」は、本日をもって担当から離れます。

長い間、拙文ご愛読いただき誠にありがとうございました。

とは言っても、4月5日から、清原憲一の「ラジオ夕刊」（月～金、夕方5時46分～）を担当し、相変わらずマイクの前で仕事させていただきます。

また、4月からＲＫＫ学苑長とともに学苑新講座「苦手克服話し方」の講師も務めます。

どうも、口ベタ、話ベタで……人前に出るとドキドキ緊張して上手く話せない。アガって口の中はカラカラ、声が震える。話せば話すほど、うまく思いが伝わらない。気楽に会話が楽しめない。そんな皆さん、お集まりください。笑いながら、楽しみながら苦手を克服しましょう。

自らの体験を踏まえコツのコツを分かりやすく、ユーモアを交え楽しくお教えする、肩のこらない話し方講座です。簡単に出来るメンタルトレーニングから、呼吸の方法、声の出し方、音の作り方、話の組み立て方、実践まで、苦手が苦手でなくなるコツ、明るく楽しくこつこつこつこつ、一緒に話し方の基礎を学びましょう。

それにしても、過去の日記読み返せば、それぞれの時期、様々な感懐があり、思い出が寄り添います。

ふと、中原中也の詩「別離」の一節がよぎりました……。

さよなら、さよなら！
いろいろお世話になりました
いろいろお世話になりましたねえ
いろいろお世話になりました

さよなら、さよなら！
こんなに良いお天気の日に
お別れしてゆくのかと思ふとほんとに辛い
こんなに良いお天気の日に

さよなら、さよなら！
あなたはそんなにパラソルを振る
僕にはあんまり眩しいのです
あなたはそんなにパラソルを振る

さよなら、さよなら！
さよなら、さよなら！

年年歳歳花相似たり、歳歳年年人同じからず…

花発多風雨
人生足別離

万感胸に迫りつつ、この辺で静かに日記の筆を置くことに致します。

皆さん、お元気で！

◆私の詩
「アナ人生、風呂敷うるとらCのうた」

悲しい時
悲しければ
悲しいほど
笑顔になれる
悲しい技やね

淋しい時
淋しければ
淋しいほど
笑顔になれる
淋しい技やね

泣けてくるのに
泣けないで
笑顔になれる
これぞ　まさしく
風呂敷人生

みんな　みんな
包み込み
笑顔でくれば
悲しい技やね

情けなく
情けないほど
笑顔になれる
むなしい技やね

力なく
力ないほど
笑顔になれる
無力の技やね

技は技とて
　風呂敷ひとつの
　　　軽業師
今日も　今日とて
　　　のうてんき
　　　　笑顔で
　　　　　笑顔で泣いてます
あんたも一緒や
　においで　わかる
　　笑顔が
　　　笑顔がつらいとき
いつでも
　いつでも
　　泣きに
　　　おいでな

清原憲一《きよはらけんいち》 COMMENT

1974年（昭和49年）入社当時は「憲兄ちゃん」と呼ばれていた紅顔の美少年も、はや36年が経ち、2010年　熊本放送を退職し、ＲＫＫ学苑長に就任しました。

この間、体型・髪具合から「親方」とか、太っ腹の性格からか、キヨハラ＝「巨腹」とか最近は「きよさん」と言われていますが、本人はなんと呼ばれようと、サッカーのゴールキーパーで鍛えた軽快なフットワークで、毎日のお勤めに励んで参りました。

ハゲんでいいのにですね……ハハ。

ダジャレはともかく、その業務＝取り扱い品目も、アゴの総合商社……多種多様。野球にサッカー、ゴルフにラグビー、バドミントン、将棋にケイリン等々、各種実況、司会にＤＪ、シャドーキヨハラと異名をとる、面白おかしのナレーション、はたまた、硬派のドキュメンタリーの語りなど、スポーツから文化まで、まさに「なんでもあり」のアナウンサー人生でありました。

その、アナウンサー人生のつれづれに綴った駄文、拙文、最後まで読んでいただき誠にありがとうございます。

この出版を機に、新しい自分にまた挑戦です。

何があろうと、なんでもハチコライ（ドーンと来い！）の精神で燃えています。

これから心・技・体そろって人生の奥行きをどうつけていくか、これが課題です。まだまだ修行中のキヨハラです。

なお、この出版を積極的に勧めてくれた無呼吸症候群治療の同志、永年禁煙挑戦の畏友村上昌史氏、海鳥社西俊明氏ならびに編集のシモダ印刷の藤本哲治、渡辺澄代両氏に大変お世話になりました。

ここに御協力厚く御礼申し上げます。

2010年９月吉日

きよさんのつれづれアナ日記

発　　行	2011年1月11日
著　　者	清　原　憲　一
制作・印刷	シモダ印刷株式会社 〒869－0502　熊本県宇城市松橋町松橋577 TEL 0964－32－3131
発　　売	海鳥社 〒810－0072　福岡市中央区長浜3－1－16 TEL 092（771）0132　Fax 092（771）2541 JASRAC 出1015967－001 ISBN978－4－87415－799－2